NCS에 맞춘
프로중국요리

최송산 · 이명철 · 장용현 공저

序論

　　중국의 팽음(烹飮)조리기술 중에 완벽한 요리를 만들기 위해서는 각종 기술을 실현시키는 데 목표를 둔다고 한다. 첫 가공(加工)기술부터 썰고 배합하는 기술 그리고 조미(調味)기술, 팽조(烹調)기술까지 이 같은 순서와 과정을 통해 하나의 요리가 탄생한다. 또한 요리의 예술성을 인정받는 수단이기도 하다.

　　NCS에 맞춘 프로 중국요리는 중국 음식문화와 팽음기술을 대표하는 책으로, 비록 전체를 대표한다고 말할 수 없지만 중국의 일품요리를 선정해 상세히 설명하고 있다.

　　지금도 중국의 조리기술은 "팽음왕국(烹飮王國)"이란 호칭으로 세계에서 주목받고 있다. 중국의 일품요리는 중국의 오랜 역사와 같이 조리기술의 정교감과 수백 종의 유명한 요리를 탄생하는데 밀접하게 상관되어 왔다고 볼 수 있다.

　　중국 전통의 일품 조리기술을 본토에서 한국으로 들여오기 위해 몇 차례 중국 견학 실습을 다녀왔다. 그 과정을 통해 중국요리의 역사이론 및 중국의 차(茶), 딤섬(点心) 그리고 기본 반찬부터 일품요리를 수록했으며, 알기 쉽게 중식메뉴판 형식으로 묶어서 정리한 책이다.

　　현업에서 열심히 배우고 있는 조리사와 중식 조리학과 학생 여러분들이 중국요리에 대한 지식을 넓히는데 조금이라도 보탬이 된다면, 선배로서도 큰 영광이 아닐 수 없다. 앞으로 본서의 부족하고 미비한 부분은 계속적으로 수정, 보완해 나갈 것을 약속드리며 본서를 통해 유용한 정보들을 많이 얻기를 바란다.

　　감사합니다!

저자 일동

次例

중국요리의 이론

최신 중식조리기능사

최신 중식산업기사

최신
중국 고급 요리

식품조각기초 및 작품 사진

1
중국요리의
이론

1. 중국요리의 음식문화

① 중국요리의 역사 및 유래

중국은 5천 년의 역사와 광대한 대륙을 갖고 있는 나라이다. 한민족(漢民族)의 주도하에 55개의 소수민족으로 구성된 나라로서, 각각 요리의 종류만 해도 일만여 종이 넘고, 오래된 요리역사를 갖고 있다. 요리에 관한 서적은 2천 년 전부터 출간된 바 있고, 각각의 요리들은 그 지방의 기후와 지리적 특성에 따라 다채로운 형태와 독특한 맛을 지니며 타의 추종을 불허한다.

예로부터 전해져 온 중국요리의 희귀한 식재료는 다양하고 종류도 많다. 그중에서 특히 육지에서 사는 동물 가운데 귀하게 여기는 8가지 재료를 팔진(八珍)이라 하는데 곰 발바닥(熊掌), 코끼리 코(象鼻), 낙타 혹(駱駝峯), 원숭이 골(猴頭), 표범의 태아(豹胎), 호랑이 무릎(虎膝), 숫사슴의 생식기(鹿鞭), 암사슴의 꼬리(鹿尾)를 말한다. 그 외에도 자라, 고양이, 비둘기, 들쥐 등 살아 있는 것은 무엇이든 요리의 대상으로 삼았다.

동양의 음양오행(陰陽五行)을 근본으로 도교(道敎)의 불로장생사상과 한의학 등이 연관되어 발전해왔으며, 한의사 및 궁중요리사를 중심으로 요리법이 발전하여 '식의동원(食醫同源)'이라는 말을 굳게 믿고 있다. 따라서 요리사의 사회적 지위도 높아졌다. 은나라시대에는 이윤(伊尹)이라는 궁중요리사가 재상(宰相)이 되기도 하였다. 재상 이윤은 『본미론(本味論)』이라는 요리책을 저술했으며, 궁중요리사로서 탕왕(湯王)에게 요리를 바친 것을 계기로 국정(國政)에 대한 건의를 했는데 이를 탕왕이 받아들여 그를 재상으로 등용했다고 전해진다.

이러한 이야기에서처럼 요리사가 음식의 맛과 지혜만으로 당대 권력자의 측근에서 정치에 참여할 수 있었던 것은 '음식의 나라'인 중국에서나 찾아볼 수 있는 일이라 할 수 있다. 요리 기술이 고대로부터 확립되었다는 사실은 은나라의 『본미론』, 송나라의 『중궤론』, 명나라의 『송씨존생』, 청나라의 『성원록』, 『수원식단』 등 수많은 요리책이 전해 내려오는 것에서도 알 수 있다. 이렇게 기록으로 전해 오는 왕실이나 귀족 요리와 함께 입에서 입으로 전해져 내려온 서민 요리와 한데 어우러져 중국요리가 더욱 발전하게 된 것이다. 만리장성을 쌓은 진시황제로부터 한방식(漢方食)이 시작되었고, 가공식품도 먹기 시작했다고 전해진다.

이어 수·당나라 시대에는 대운하가 건설되어 강남의 질 좋은 쌀이 북경까지 전달되어 북경 일대의 식생활이 풍요로워졌으며, 화북 지방에서는 식생활에 일대 혁명이 일어나기 시작했다. 물레

방아를 이용하여 제분을 하고 대량생산이 가능해져서 서민들도 빵, 밀병 등을 만들어 먹기 시작했다. 페르시아 지방에서 설탕이 들어와 재배하기 시작한 것도 이 무렵부터이다. 식사는 1일 2식이었으며, 조리는 원칙적으로 남자의 일이었다.

외국과 문화 교류가 활발하여 당·송 시대에는 조리법이 다양해지고, 유목민족인 만주족(滿洲族)이 세운 청조 시대에 와서 중국요리가 크게 발달하였다. 특히 소, 말, 양을 주재료로 만든 요리가 발달하여, 지금도 북경의 양고기(羊肉)요리가 유명하다.

명조시대의 궁중요리는 산동요리가 으뜸이었으며, 청조가 북경에 들어선 후에도 산동인이 만주인을 만족시킬 정도로 솜씨가 좋고, 유명하여 지금도 산동요리는 널리 알려져 있다.

청조 제6대 황제인 건륭제(乾隆帝)가 각 지방을 순회할 때, 그 지방의 요리를 음미했을 뿐만 아니라, 많은 요리사들이 궁중으로 몰려와 궁중요리를 더욱 발전시켰다. 그 중 양주(揚州) 출신인 요리사가 만주족이 좋아하는 사슴과 곰 등 야생 짐승의 고기와 양주사람이 좋아하는 어패류, 채소의 산해진미를 배합하여 요리를 만들었다. 바로 이 요리가 최고의 진수 요리로 손꼽이는 만족(滿族)요리와 한족(漢族)요리를 통합한 '만한전석(滿漢全席)'이다.

천하의 진귀한 재료를 총망라하여 최고의 조리 기술로 맛과 영양의 극치를 추구한 '만한전석'은 그 후 궁중요리로 흡수되었다. 팔진(八珍)을 포함하여 중국 전역에서 모아 온 진귀한 재료로 만든 324종의 요리를 3일 동안 나눠서 먹었다고 한다. 요리를 먹는 사이사이에 탕과 면이 때맞춰 나오고, 간식과 요리의 배열이 알맞게 짜여 있어 맛을 충분히 음미하면서 자연스럽게 배를 불릴 수 있었다. 술과 차도 최고급 명품으로 준비하여 구미를 돋우고 소화를 도와 식사 후에도 속이 편안했다고 한다.

지금 북경에서는 청나라가 몰락한 후, 1925년에 궁중요리를 표방하는 고급 음식점 '방선(房膳)'이 문을 열어 '만한전석'의 전통을 이어가고 있다.

(1) 위진남북조 시대

위·진 시대에는 철제품의 발달로 중국 조리기구가 광범위하게 사용되었다. 조리방법이 20여 가지로 늘어났고, 이때 볶음조리방법이 출현하면서 중국의 요리 발전에 큰 공헌을 했다. 『제민요술(齊民要術)』 등에 기재된 설명으로는 당시 요리의 가짓수가 200여 가지 이상이나 되었다고 한다. 유명한 요리로 곰찜요리(蒸熊), 오리요리(鴨霍), 순채죽(純羹), 사슴고기(鹿肉), 통돼지구이(炙豚), 통구이육(胡炮肉) 등이 있다. 그리고 당시에 검정콩(豆豉, dòu chǐ), 간장(醬, jiàng), 설탕(糖, táng), 꿀(蜜, mì), 소금(塩, yán), 식초(醋, cù), 파(葱, cōng), 생강(薑, jiāng), 고추(椒, jiāo), 술(酒, jiǔ) 등 조미료를 이용하여 요리의 감칠맛(咸, xián), 단맛(甜, tián), 매운맛(辣, là), 신맛(酸, suān), 달고 새콤한 맛(糖醋, táng cù), 맵고 신맛(酸麻, suān mà), 매운향 맛(辣香, là xiāng), 그리고 입안에서 도는 단맛 등 다양한 조미(調味)방법을 만들기 시작하였다.

(2) 수·당·송나라 시대

이전 시대를 계승하면서 중국요리는 한층 고도의 발전을 하였는데, 몇 가지 주된 요인은 다음과 같다.

1) 명요리(名菜)로 인한 발달

수나라의 사풍(謝諷)이 쓴 『식경(食經)』과 당나라의 위거원(韋巨源)이 펴낸 『식단(食單)』에 따르면, 새우로 만든 새우구이(光明蝦炙), 생선요리(鳳凰胎), 그리고 낙타봉구이(駝峰炙), 낙타족 죽(駝峰羹), 사천(四川)의 태백오리(太白鴨), 신장(新疆)의 새끼양구이(烤全洋) 등이 당시의 유명한 요리였다. 송대(宋代)에 『동경몽화록(東京夢華錄)』, 『몽양록(夢粱錄)』, 『무림구사(武林日事)』, 『산가청공(山家淸供)』에 기재된 송씨가의 생선죽(宋五嫂魚羹), 군선갱(群鮮羹), 술에 담근 새우(醉蝦), 술에 담근 게(醉蟹), 생초폐(生炒肺) 등도 중국의 유명요리에 큰 영향을 주었다.

2) 요리 색상의 발전

당나라 시대에는 양고기, 돼지고기, 소고기, 곰고기, 사슴고기를 세심하게 조리·가공하여 5가지 냉채를 만들었고, 여러 가지 채소 및 육류로 만든 냉채로 한 폭의 그림을 그리기도 하였다. 그리고 송나라에 와서는 조리 기술 공예가 더욱 발전하였다. 큰 연회에서는 먹기 전에 눈으로 먼저 감상하여 식도락가의 구미를 더욱 돋울 수 있게 조리 예술이 발전하였다 한다.

(3) 원·명·청나라 3대 시대

『청패류초(淸稗類鈔)』에서 말하기를, 이 시대에 요리를 만드는 곳에서 필히 특색을 가진 사람만을 북경요리전문가(京師, jing shi)란 호칭으로 불렀으며, 이때부터 산동(山東), 사천(四川), 광동(廣東), 소주(蘇州), 복건(福建), 양주(揚州) 등 각 지방에서 특별한 요리와 조리사가 분류되어 특색 있는 지방요리가 형성되었다.

중국의 현대 조리기술과 요리의 발전은 1980년대 초기부터 시작됐으며, 이 시기가 중국의 조리기술이 가장 빠른 속도로 발전한 때이다. 전통을 이어가면서 수많은 개선과 조리사의 노력으로 새로운 요리가 개발되었다. 교통의 발달로 식재료의 선택시간이 줄어들었고, 조리사들의 꾸준한 교류와 연구를 통해 새로운 메뉴를 개발하여 각 지방의 특징적인 요리에도 많은 변화를 가져다주었다. 특히 일반 서민의 생활이 좋아지면서 음식시장이 빠른 속도로 발전하였다. 최근에는 각 지방에서 자신들의 특색 있는 전통요리와 기술을 가지고 전국의 큰 외식사업으로 진출하여 소비자들에게 신개발요리를 많이 선보이고 있다. 이 많은 요리전문점이 중국요리를 발전시키는 데 중요한 역할을 하였다.

2. 중국요리의 특징

중국요리의 탄생과 역사는 중국문명사와 같이 발달해온 동기(同期)라고 할 수 있다. 5천 년 전부터 중국에서는 고기구이(烤肉, kǎo ròu), 생선구이(烤魚, kǎo yu), 죽과 탕(羹湯, gēng tāng)이 출현하였다. 그래서 상·주 시대부터 진·한 시대까지가 중국요리의 형성시기이고, 위진남북조 시대부터 현재까지가 중국요리의 발전과 번영의 시기라 할 수 있다.

상·주시기부터 진·한 시기까지는 요리의 생산 시기라 할 수 있으며, 동·식물의 원료, 조미료의 발달, 동(銅)제품 및 철제품의 기구(器具) 발달로 조리기술이 발전하여 중국 조리기술이 크게 12종류로 분류되었다.

① 炙(적, zhì): 고기구이(烤肉)
② 羹(갱, gēng): 진국(燒肉, 肉汁)
③ 脯(포, pú): 저며서 말린 고기, 말린 과실(육포)
④ 脩(수, xiū): 고기를 저며서 만든 반찬(설인 육포)
⑤ 醢(해, hǎi): 젓갈, 물고기 절임(고기로 만든 장류)
⑥ 臡(니, ní): 뼈가 섞인 젓(육장)
⑦ 菹(저, zū): 채소 절임, 식초 따위로 겉절이 한 채소, 젓갈, 고기젓(소금으로 절인 육류, 채소)
⑧ 齏(제, jī): 회, 살(肉)을 잘게 썰어 날로 먹는 것, 양념, 파·부추 따위의 채소를 작게 다져 간장 및 기타 조미료에 버무린 것(다진 파, 마늘, 생강)
⑨ 膾(회, huì): 잘게 저민 날고기(가늘게 썬 어채나 육채)
⑩ 鮓(자, zhǎ): 젓, 소금에 절인 생선, 해파리, 해산물을 소금으로 절인 뒤 버무린 것
⑪ 杂燴(잡회, zá huì): 생선과 육류를 혼합하여 끓여서 만든 것
⑫ 濯(탁, zhuó): 끓는 물에서 끓이는 것(예: 닭죽을 끓인다.)

① 광범한 재료 선택과 원활한 조리

중국요리는 재료가 풍부하고 다양하다. 일반적으로 동·식물로 조리하는 재료 외에도 산해진미(山海珍味)를 사용한다.

* 예: 곰 발바닥(熊掌, xióng zhǎng), 낙타 봉(駝峯, tuó fēng), 낙타 발(駝蹄, tuó tí), 사슴 심줄(鹿筋, lù jīn), 원숭이 골(猴頭, hóu tóu), 제비집(燕窩, yān wō), 상어 지느러미(魚翅, yú chì), 생선 혀(魚唇, yú chún), 생선 부레(魚肚, yú dù), 해삼(海蔘, hǎi shēn), 어패류(貝, bèi), 죽순(竹筍, zhú sǔn), 꽃 종류에 목단(牧丹, mù dān), 국화(菊花, jú huā), 부용(芙蓉, fú róng), 곤충에 매미(蟬, chán), 누리(蝗虫, huáng chóng), 중약(中藥)에 동충하초(冬蟲夏草), 구기자(枸杞), 천마(天麻) 등

물론 이 재료는 현재와는 다른 중국요리 역사의 한 부분이다. 지금은 야생동물 보호법으로 판매 금지된 재료가 많아 식탁에 오르지 못하는 것도 있다. 그 결과 두부, 두부피, 채소, 밀가루, 송화단 등이 중국요리에서 가장 많은 부분을 차지하게 되었다. 예전에는 서양 사람이 쓸모없어서 버리는 재료가 중국에서는 제일 선호하는 재료이기도 했다. 서양인은 닭발에 살점이 없어서 배를 충족시킬 수 없다고 했으며, 닭뼈와 닭털의 사용가치를 몰랐다고 한다. 그러나 중국인은 닭의 다리가 활동량이 가장 많고, 몸을 꾸준히 지탱할 수 있는 능력을 갖고 있다 하여 상당히 귀중하게 여기며 요리의 재료로 많이 사용하고 있다.

과학적으로도 중국요리는 합리적인 조리방법을 사용한다. 서양요리는 조리가 단순하며, 조리를 할 때 여러 가지 재료를 같이 볶지 않는 특징이 있다. 스테이크를 먹을 때 한쪽 옆에 감자튀김 조금과 완두콩을 약간 담아주는 데 사실 큰 의미가 없다고 본다. 단지 분리해서 볶은 뒤 큰 접시에 나눠서 담을 뿐이다. 반대로 중국요리는 주재료와 부재료의 궁합과 비율을 맞춰 조리하는 원칙을 지킨다. 예를 들어 연한 것에는 연한 것으로, 진한 것에는 진하게, 강한 것에는 강하게 하는 것이 일반적인 법칙이다. 그래야만 요리의 풍미, 색채, 식감, 영양을 결합시켜 여러 가지 풍부한 요리를 만들 수 있고, 미식가들을 만족시킬 수 있다.

② 칼의 정교함과 맛의 다변화

　중국요리는 조리할 때 재료의 칼질을 중요시한다. 형태를 살리고, 보기 좋게, 조리를 용이하게 하여 간을 흡수시키는 것이 목적이다. 칼로 써는 기법도 다양하며, 중국요리의 식품조각 예술성이 뛰어난 것도 특징 중 하나이다.

　중국요리는 요리를 접시에 담는 방법 또한 다양하고, 칼을 다루는 도공의 기술에 따라 변화를 준다. 동일한 재료를 가지고 丁[dīng], 末[mě], 條[tiáo], 片[piān], 塊[kuài], 絲[sī], 段[duàn], 茸[róng], 泥[ní], 球[qiú], 丸[wán], 菊花形[ju hua xíng] 등 다양한 형태를 만든다. 그리고 어떤 형태든 크고 작은 모양은 동일해야 하고, 길고 짧은 길이도 같아야 한다.

> 　* 예: 감자채를 썰 때 먼저 얇게 편으로 썰고, 잘 포개서 다시 곱게 채를 썰어야만, 조리를 할 때
> 　　양념간이 골고루 스며들어 맛도 좋고, 요리 모양도 깔끔하게 만들 수 있다.

　재료의 표면에 깊게 혹은 적당히 다양한 칼집 모양을 내는 것은 조리가열 시 재료의 형태를 국화와 같은 꽃 모양으로 만드는 기술의 원리다. 그리고 통재료(예: 통닭)의 뼈를 제거하는 기술은 먼저 뼈와 심줄, 연골 부위를 이해하고 상당한 기술력을 연마해야만 통재료에 잔뼈가 붙지 않게 깨끗이 제거하고 원형을 보존할 수 있다.

　어떤 사람들은 중식과 서양식을 비교할 때, 서양식은 눈으로 먹는 요리로 요리의 색상과 장식을 중시하는 반면, 중식은 혀로 먹고, 요리의 맛과 향을 중요시한다고 말한다. 이런 비교가 적절한지는 모르겠으나 확실한 것은 중국요리에 영혼이 담겨 있다는 것이다. 같은 재료라도 소미료 사용법과 조리빙밥에 따라 요리의 맛이 달라지기 때문이다.

　예를 들어 동일한 방법으로 고기를 곱게 채를 썰어서 조리하면, 고기를 먼저 밑간 한 후 어향소스로 조리하면 매콤하고, 달짝지근하고, 새콤하면서도 향기가 도는 어향육사(魚香肉絲)가 되고, 소금 간으로만 조리하면 짭짤한 향이 도는 고기잡채가 된다.

　그리고 조기를 같은 방법으로 조리했을 때 먼저 소금, 두반장, 생강, 마늘, 식초를 넣어 만들면 진한 향이 돌고 뒷맛이 매콤하면서 달짝지근한 간소황어(干燒黃魚)가되고, 간장을 넣고 소금, 설탕으로 간을 하면 진하면서 달짝지근한 맛이 나는 홍소황어(紅燒黃魚)가 된다. 그래서 중국요리에는 맛의 미는 다양하게 변한다는 뜻의 '백채백미(百菜百味), 일체일격(一菜一格)'이란 말이 있다.

3. 중국요리의 구성

중국요리의 메뉴는 매우 다양하게 구성되어 있다. 얼핏 보면 모든 메뉴의 구성이 같아 보이지만, 같은 내용이라도 서로 다르다. 각 지방요리 메뉴판과 지역구 메뉴판이 따로 있다. 지역의 특산품에 따라 수산품, 축산, 가금류, 농산, 과실류 등으로 나눠지며, 민족(民族)요리로 한족(漢族), 만주족(滿洲族), 청진(淸眞)요리 등으로 분류하고, 그 외 사회(社會)요리로 분류된 궁정요리(宮廷菜), 관부요리(官府菜), 시사요리(市肆菜), 가상요리(家常菜) 등도 있다. 물론 같은 메뉴판에도 특정적인 것들은 완전히 독립된 것은 아니다. 그들은 상호교류를 통해 서로 참고로 하여 작성되었으며, 다만 분류된 목록만 다를 뿐이다.

(1) 궁정요리(宮廷菜)

궁정요리는 왕실과 봉건(封建)사회의 황제, 황후, 황자가 먹던 요리이다. 지금은 비록 역사의 기록으로만 남아있는 요리이기도 하다. 궁정요리는 천하에서 제일 좋다는 진귀한 재료를 얼마든지 사용할 수 있었으므로 재료 선택에 구애를 받지 않았다. 그만큼 재료를 까다롭게 선택하고, 식사의 장소와 시간에 대한 법칙을 엄격히 따른다고 전해진다.

궁중에서 요리를 만드는 요리사는 전국에서 제일가는 요리사만 선발하여 모든 요리를 완벽하게 만들어 황실요리의 면모를 보여주었다. 궁중요리사는 여러 분야로 나눠서 조리와 관리를 엄격하게 하고, 요리 하나하나에 정성을 담아 최고의 맛을 달성하기 위해 노력하였다. 그리하여 궁정요리는 현재까지도 특정 요리가 많이 이어지고 있고, 중국요리에서 중요한 부분을 차지하게 되었다.

(2) 관부요리(官府菜)

관부요리는 봉건사회에서 관료들이 주로 먹던 요리이다. 재료 이용이 다양하고 기묘한 점이 특징이다. 우선 관료 간에 서로 경계심을 갖고 세력을 다투다 보니, 요리의 조리법도 경쟁 수단을 넘어서 기법이 다양화 되었다. 그리고 궁정요리와 달리 음식을 먹는 방법과 재료 사용에 까다롭게 제한을 두지 않아서 더욱 다양한 요리가 발달할 수 있었다.

공부요리(孔付菜), 담가요리(譚家菜)는 관부요리의 대표적인 요리이다. 공부요리 중에 화염궐어(花鹽鱖魚), 양두정(釀豆莛), 담가요리의 황민어시(黃燜魚翅), 청탕연채(淸湯燕菜) 등은 신기(神技)하게 만든 명품요리이다.

(3) 사원요리(寺院菜)

사원요리는 도가(道家), 불가(佛家), 사원(寺院)에서 채소 위주로 만든 사찰음식이다. 사찰음식의 특징은 땅에서 나오는 재료를 바로 채취하여 사용하는 점이다. 일반적으로 사원은 주로 산속에 있어 교통이 불편하여 사원 주위의 나물이나 과실류를 음식의 주재료로 사용한다. 그래서 속담 중에 태산(泰山)에는 배추, 두부, 그리고 물이라는 세 가지 미(美)가 있다 하였다. 하지만 이들도 특수한 채소류를 사용하여 닭고기 모양, 소시지 모양, 생선 모양을 만들고, 특수한 양념을 만들어 진(眞) 맛이 나게 조리한다. 원매(袁枚)가 『수원식단(隨園食單)』에 쓴 글을 보면, 이 당시에 사찰음식이 상당한 수준에 이르렀다고 한다.

(4) 민간요리(民間菜)

민간요리는 향촌(鄕村), 가상(家常)요리라고도 한다. 민간요리의 특징은 먼저 재료 선택이 편리하며 조리하기가 쉽고, 모든 가정의 입맛에 맞게 한다는 점이다. 민간요리는 일반적으로 주위에서 쉽게 채취(採取)할 수 있는 재료를 사용한다. 바다가 가까우면 생선요리를 위주로 하고, 강이나 호수에서는 민물 생선을 위주로 요리를 한다. 내륙지방에서는 축금(畜禽)요리 위주로 발달하여 "산이 가까우면 산에서 나는 것을, 물이 가까우면 물에서 나는 것을(靠山吃山, 靠水吃水)"이란 속담이 있다. 또한 각 지방의 특산품을 많이 사용하고, 조리방법도 각 지방의 기후, 환경, 습관과 풍습을 따른다. 그렇기에 민간요리는 중국 음식문화를 이끌어온 중요한 부분이며, 중국요리의 뿌리이기도 하다.

(5) 시사채(市肆菜)

시사채(市肆菜)는 전문음식점의 요리를 말한다. 전문음식점에서 조리하여 판매하는 음식차림표의 총칭이다. 시사채의 특징은 조리기술의 다양한 변화이다. 음식의 종류가 많고, 응용방법이 다양하면서 광범위하다. 시사채는 민간요리(民間菜), 관부채(官府菜), 그리고 역대 전통으로 내려온 궁중요리로 구성되었다고 한다. 그리고 본지방의 특색을 살린 요리 외에, 외지 고객의 입맛을 맞추기 위해 타 지방의 특색 요리도 만든다. 전문화된 음식점이 개업을 주도하면서 만두전문점, 오리전문점, 채식전문점, 양고기전문점 등이 생겨났으며, 전문 조리사로 구성하여 미식가들을 만족시키고 있다.

(6) 민족요리(民族菜)

민족요리(民族菜)는 중국의 많은 소수민족의 생활풍습과 종교적 신앙(信仰)에 따라 발달한 요리이다. 대표적인 예로 청진채(淸眞菜)를 들 수 있다. 청진채는 음식을 먹을 때 엄격한 규율(規律)을 지켜야하고, 특히 재료 선택에 특별히 신경을 써야 한다. 심지어 사람이 선택을 할 수 없는 재료도 있다. 그래서 청진채는 조리의 품격을 지키고, 연회 규칙(規則)이 있는 민족채의 대표적인 요리라 할 수 있다.

4. 요리의 형성 및 특징

일정한 지역 내에서 조리의 기술, 원료의 사용범위, 요리의 특색 등 상호 간의 비슷한 특징으로, 자의 혹은 타의에 의해 구분된 조리계열과 분류를 중국요리의 채계(菜系)라 한다. 채계의 형성에는 아래와 같이 몇 가지 요인이 있다.

(1) 지역 생산물의 제약

서로 다른 지역의 기후, 환경이 다르면 생산되는 원료의 품종도 차이가 많이 생긴다. 연안에서 많이 생산되는 생선과 새우로 강소요리(蘇, sū), 절강요리(浙, zhè), 복건요리(閩, mǐn), 광동요리(粤, yuè) 등의 지방요리가 크게 발달하였고, 내륙지방의 호남요리(湘, xiāng), 호북요리(鄂, è), 안휘요리(徽, huī), 사천요리(川, chuān), 협서요리(陝, xiá) 등은 가축을 이용한 요리가 발달하였다. 중국 북부지역은 소나 양과 같은 목축업이 발달하여 지금도 식탁에 오르고 있다. 그 결과 지리적인 환경과 기후, 지역의 특산품이 요리 계통을 분류하는 하나의 조건이 되었다.

(2) 정치 경제와 문화의 영향

요리 계통의 분류에는 정치, 경제, 문화가 밀접하게 관련되어 있다. 휘양요리(淮揚菜) 는 수·당시대 때, 교통수단이 밀집한 소금 운반 집결지에 돈 많은 상인과 유명한 주방장들이 많이 거주하면서 발달함과 동시에 풍미가 널리 알려지게 되었다. 청나라 시대에는 양주(揚州)의 경제, 교통, 문화가 크게 발달하여 휘양요리가 한층 발전하게 되었고, 전국에서 중요한 요리계열의 기초가 되었다.

광동요리(粤菜)의 주요 형성은 아편전쟁 후, 중국문화 개방으로 유럽, 미국 등 각국의 선교사와 상인들이 대거 들어오면서 서양요리의 기술이 전파되기 시작하면서 부터이다. 1930년대 광주(廣州)거리에는 수많은 상점이 형성되어 전문음식점 또한 성업을 이루어 광동요리가 더욱 발전하게 되었다.

(3) 민속과 종교 신앙에 따른 습성

중국은 땅도 크고 인구도 많다. '백리마다, 천리마다 풍속이 다르다(百里不同風, 千里不同俗).'라는 중국의 속담처럼 서로 다른 풍습과 습관이 음식문화에도 상당한 영향을 끼쳤다. 『청패류초(淸稗類鈔)』의 기록을 보면, 청나라 말기에 북방 사람들은 파와 마늘을 즐겼고, 서방(사천지방)사람은 매운 맛을 즐겼으며, 남방(광동지방)사람은 담백한 맛을, 동방 사람은 달짝지근한 맛을 즐겼다는 속담이 있다. 이러한 습성과 관습은 지금까지 이어지고 있다. 또한 중국은 종교가 많은 나라여서, 믿는 종교도 서로 달라 음식풍속에도 크게 영향을 끼쳐왔다.

(4) 중국 지방요리의 구성

중국의 지방요리가 발달된 것은 각 지방의 향토적인 맛과 그 지방 요리사들의 연구개발 및 능력과 밀접한 관계가 있고, 그 다음 소비자들이 즐겨 먹는 기회가 많아졌기 때문이다. 지방요리에는 구역성이 있어서 소비자들이 한 지역 범위에서만 집중적으로 즐겨 먹으면, 사실상 그 지역은 분리된 지방요리라 볼 수 있다. 그 지역의 사람들이 현지에서 즐겨 먹은 요리에 애착을 갖고 고향의 맛에 젖어 자기들의 토지에서 생산하는 재료들을 귀중히 여겨 지역요리가 더욱 발전해왔다.

요리의 계열에는 다양한 지방 풍미가 있다. 중국의 한 성(省)에서 한 지방요리의 특색을 찾으라면, 다른 한 지방에서 또 다시 분리가 될 정도로 많아진다. 이 안에서도 하나하나가 풍미다채(風味多彩)로운 요리 특색을 표현해 낼 수 있기 때문이다. 중국의 많은 지방요리의 특색을 전부 다 소개하기는 어려우므로 중요한 몇 가지만 소개해보자 한다.

1) 휘양채계(淮揚菜系)요리

휘양요리는 강소(江蘇), 상해(上海), 절강(浙江) 등 주변 지역에 호수, 강, 바다가 사이에 있어서 기온과 토지가 좋다. 각지의 생산물량이 풍부하여 재료 선택 과정에서 수산물을 많이 사용하는 특색이 있다. 조미방법도 청량하고 담백하며, 진국의 맛과 본래의 맛을 감돌게 한다. 조리 전, 처리 작업에서 도공을 가장 중요시하여 냉채부터 식품조각, 재료 재단에도 상당히 신경을 써서 사(絲, sī), 정(丁, dīng), 말(末, mě), 조(條, tiáo), 편(片, piàn) 등 하나하나 손질과 써는 데 세심한 기술과 정성을 다한다.

조리기술 중에는 조리기(炖, dùn), 찌기(蒸, zhēng), 천천히 조리기(燜, mèn), 볶기(燒, shāo) 등을 이용해 재료가 흩어지지 않게 살리면서 요리의 신선함과 고유의 맛을 보존한다. 유명한 요리에는 용정하인(龍井蝦仁), 대자간사(大煮干絲), 사자두(獅子头), 단초반(蛋炒飯), 동파육(東坡肉), 규화계(叫化鷄), 총유화수(葱油划水) 등이 있다.

2) 사천채계(川菜菜系)요리

장강(長江) 상류 주위의 사천지방을 중심으로 형성된 요리이다. 이 지방의 요리는 광범위한 재료 선택으로 다양한 요리의 맛을 내는 것이 특징이다. 일반적으로 맛을 내는 가상미(家常味), 어향미(魚香味), 마라미(麻辣味), 산라미(酸辣味), 진피미(陳皮味), 마장미(麻醬味), 리치미(荔枝味), 마늘미(蒜泥味), 홍유미(紅油味), 훈향미(烟香味) 등이 있다.

조리기술로는 튀기기(炸, zhà), 지지기(煎, jiān), 걸쭉하게 하기(溜, liū), 조리기(燜, mèn), 굽기(烤, kǎo) 그 외 화공의 소초(小炒), 간편(干煸), 간소(干燒) 등 특수한 조리기술을 이용한다. 이렇게 특별한 조리방법으로 만든 요리로는 서민들에게 사랑받아 온 부처폐편(夫妻肺片), 봉봉계(棒棒鷄), 소용우육(小龍牛肉) 등과 유명한 큰 음식점에서 먹을 수 있는 가상해삼(家常海蔘), 간소어시(干燒魚翅), 장차압자(樟茶鴨子), 충초압자(虫草鴨子), 개수백채(開水白菜) 등과 대중 연회에서 사천요리로 유명한 어향육사(魚香肉絲), 마파두부(麻婆豆腐), 궁보계정(宮保鷄丁), 수자육편(水煮肉片), 간편선사(干煸鱔絲), 회과육(回鍋肉) 등이 있다.

3) 광동채계(粵菜菜系) 요리

광동(廣東), 광서(廣西), 해남(海南) 등의 지방을 포함한 광동지방을 중심으로 한 요리이다. 광동요리의 특징은 광범위한 재료 선택과 정교한 조리법이다. 요리의 맛이 담백하고 청량하여 타국의 조리법도 많이 응용한다. 광동은 중국 남쪽에 위치하고, 기후가 온난하고 강수량이 충분하여 동·식물의 성장이 매우 빠르고 원재료의 종류도 많다. 그래서 조리에 충분한 재료를 선택할 수 있다. 기후가 좋은 것도 주원인으로 요리의 맛을 단연 담백하게 해주지만, 뒷맛은 아주 진하고 깊은 맛이 느껴지는 매력이 있다. 대표적인 광동요리로는 보탕류(煲湯類)가 있다.

조리기술로는 끓이기(泡, pāo), 삶기(扒, bā), 조리기(靠, kào), 찌기(焗, jú), 지지기(煎, jiān), 튀기기(炸, zhá), 끓이기(煲, bāo)가 있다. 이 외에 서양요리 조리기술에서 반은 지지고, 반은 튀기는 방법과 먼저 지지고 후에 찌는 방법, 그리고 서양식 소스와 동남아의 특색적인 소스를 사용하여 독자적으로 새로운 요리를 만들어 '먹을거리는 광주에 있다(食在廣州)'는 미담을 듣는다. 유명한 요리로는 돼지새끼구이(烤乳猪), 대양부용새우(大良炒鮮奶), 오리튀김(脆皮鴨), 동강두부(東江釀豆腐), 소고기완자(爽口牛肉丸) 등이 있다.

4) 북경채계(魯菜菜系)요리

황하(黃河) 하류 지역의 북경과 산동지방 주변의 북방요리의 총칭이다. 북경요리의 특징은 조리 시 조미료 첨가방법을 상당히 중요시하는 것이다. 일반적으로 복합 조미방법을 사용하지 않는다.

예를 들어 짠 음식에는 간을 짜게 하고, 새콤한 요리에는 더욱 신 맛을 만들고, 단 요리에는 더 달게 간을 맞춘다. 그 외 장맛과 파향을 내는 것이 북경요리의 독특한 맛이다.

조리기술에서는 삶기(扒, bā), 빨리 볶기(爆, bào), 흐르게 볶기(溜, liu), 찌기(蒸, zhēng), 졸여서 볶기(燒, shāo) 등을 많이 사용하고, 그중에서 빨리 볶기(爆, bào) 기술을 많이 사용한다. 불 사용에 강약을 중시하여 빨리 볶아내는 것이 특징이다. 그래서 '강한 불에서 요리가 날아다니듯 볶아진다(菜在鍋中飛, 火在菜上燒).'라는 빠른 조리기술이 많이 알려졌다.

빨리 볶기(爆, bào) 하는 방법도 다양하여 기름에 볶기(油爆, yóu bào), 센불에 볶기(火爆, huǒ bào), 물에 볶기(湯爆, tāng bāo), 간장 볶기(醬爆, jiàng bāo), 파 볶기(葱爆, chuāng bāo) 등이 있다. 그 외 팬에 지지기(鍋塌, guō tā), 걸쭉하게 졸이기(燒扒, shāo bā)는 북경채계의 특색적인 조리법이다. 대표적인 유명요리는 북경오리(北京烤鴨), 양고기신선로(涮羊肉), 전복요리(鍋燜鮑魚盒), 홍소해삼(葱燒海蔘), 홍소전복(紅燒鮑魚), 제비집스프(清湯燕窩), 왕새우조림(油燜大蝦), 상어 지느러미 요리(通天魚翅) 등이 있다.

<h1>5. 중국지방가상요리의 특징</h1>

중국 대륙은 북쪽부터 남쪽으로 분류되는 황하(黃河), 장강(長江), 주강유역(珠江流域)의 3대 문화발상지다. 각 강에 따라 음식문화의 특색도 다르며 경제, 문화, 민속 등의 차이와 더불어 각 지역의 조리사들은 현지의 특산품을 식재료로 사용해왔다. 더 나아가 불로 조리하는 방법, 불로 조리하는 방법, 승기로 조리하는 방법, 그리고 기름으로 조리하는 방법 등 각기 다른 조리법으로 각 지역에서 생산하는 특이한 고품질의 재료를 사용해 음식을 만들었다. 특별한 색채감과 재료 본래의 진미가 풍기는 요리를 만들어 내는 것이다. 중국요리는 크게 동, 남, 서, 북으로 나눠 구분하며, 이는 다시 4대 계통요리 및 8대 지방요리로 나뉜다.

세계 각국의 중국음식점에서는 중국요리를 8대 지방요리로 분류하여 전문 지방요리 간판을 내걸고 전통을 내세워 자랑하고 있다.

1 중국 8대 지방요리

(1) 북경요리(北京菜)

북경은 중국의 화북(華北)지구의 하북성(河北省)의 중부에 위치하여 중국 역대 고도(古都)가 이어져 온 곳으로 정치, 문화, 경제의 중심지이다. 한족(漢族), 만족(滿族), 몽골족(蒙族)이 조직적으로 밀집하여 거주하며 각기 다른 민족의 음식문화가 상호 교류하여 발전된 요리이다.

(2) 상해요리(上海菜)

호채(滬菜)라고도 한다. 상해요리는 옛 국제 항구도시로 로채(魯菜), 천채(川菜), 월채(粤菜), 소채(蘇菜) 등 각 지방의 요리기술이 밀집하여 상호 교류를 통해 발전된 요리이다.

(3) 강소요리(江蘇菜)

소채(蘇菜)라고도 한다. 소채(蘇菜)는 남경(南京), 양주(揚州), 소주(蘇州) 등 세 지방의 요리로 구성된다. 가장 중요시하는 것은 노탕(老湯)으로, 세월이 지나도 변치 않는 탕(湯) 맛이 이 지방의 특징이다.

(4) 절강요리(浙江菜)

절채(浙菜)라고도 한다. 항주(杭州), 영파(寧波), 소흥(紹興) 등 세 지방의 요리로 구성되었고, 재료의 고유의 맛과 주재료의 향, 진국을 중요시하는 것이 특징이다.

(5) 사천요리(四川菜)

천채(川菜)라고도 한다. 성도(成都), 중경(重慶) 등지의 요리로 형성되어, 산진야미(山珍野味)의 독특한 식재료가 풍부하다. 곰(熊), 사슴(鹿茸), 은이버섯(銀耳), 죽생(竹笙) 등과 검은콩(豆豉), 두반장(豆瓣醬), 자채(榨菜), 간장(醬油) 등 조리에 적절한 조미료 및 향신료가 유명하다. 간소(干燒), 간편(干煸) 등 조리법도 유명하다.

(6) 후난요리(湖南菜)

상채(湘菜)라고도 한다. 장사(長沙), 형양(衡陽), 상담(湘潭) 등 세 지방의 요리로 구성되었다. 호남요리(湖南菜)의 대표적인 요리로, 중국 역사 봉건왕조(封建王朝)의 수도이며 정치, 경제, 문화 등 활발한 활동으로 음식의 기술과 문화도 상당히 발전했다. 쉰(燻, 연기로 훈제한 요리)과 쯩(蒸, 찜요리), 쩬(煎, 지짐

요리)이 유명하다.

(7) 복건요리(福建菜)

민채(閩菜)라고도 한다. 복주(福州), 민남(閩南), 민서(閩西) 등 3개의 지방요리로 구성되었으며, 복주(福州)지방의 요리가 대표적이다. 요리가 담백하며 달고 신맛과 탕 종류가 특색이며, 홍조(紅糟, 붉은술)를 사용하여 조리하는 것이 특징이다.

(8) 광동요리(廣東菜)

월채(粤菜)라고도 한다. 주요 지방은 광주(廣州), 조주(潮州), 동강(東江) 세 지방이다. 식재료를 광범위하게 사용하여 옛 주민은 새, 짐승, 벌, 뱀 등 못 먹는 것이 없을 정도로 식재료 선택과 조리방법이 다양하다.

계절에 따라 여름과 가을에는 맑고 담백한 것을 즐기고, 겨울과 봄에는 진하고 순한 것을 즐긴다. 또한 요리를 살짝 볶은 후, 마무리에 기름을 다시 넣어 요리의 맛과 모양을 신선하고 부드럽게 만든다.

2 한국에 상륙한 대표적인 중국요리

중국요리는 한국에서 청요리(淸料理)로 알려지기 시작하여 대중 음식으로 발전한 것은 1950년대 후반부터이다. 처음에는 청요리라고 불리면서 고급음식점에서만 맛볼 수 있는 요리였으나, 지금은 일반 대중음식점에서도 쉽게 맛볼 수 있다. 한국과 근접한 산동지방의 북방지역 요리사들이 한국에 정착하고, 그 후 화교 2세들이 이어받으면서 전통 중국요리가 한국인 입맛에 맞는 친숙한 중국요리로 발전했기 때문이다.

한국에서 중국요리가 발전하여 미식가들이 즐겨 먹게 된 까닭으로 중국 동북지역의 대표적인 요리인 경노채(京魯菜, 북경, 산동요리)를 들 수 있다. 중국에서의 경노채는 특수한 요리기술과 특별한 음식진미를 모두 갖추고 있는 중국 제일의 요리인 궁중(宮中)요리와 관부(官府)요리이다.

(1) 북경요리(京菜)

북경(北京)은 화북평원에 위치하고 있다. 황하유역에 인접하고 금(金), 여진(女眞), 원(元), 몽고(蒙古), 명(明), 한(漢), 청(淸), 만(滿) 등 역대(歷代) 왕조(王朝)가 있던 지역으로 교통중심지이며, 문명이 발달한 곳이다. 지금의 북경은 중화인민공화국의 수도이자 정치, 문화의 중심지이다.

수백 년을 이어온 북경에 다녀간 수많은 객상과 인사들이 음식문화를 더욱 발전시켰다고 한다. 예를 들어 중국 명나라 때, 당시 금릉(金陵)에 금릉오리구이(金陵片皮鴨)가 제일 유명한 요리로 알려졌는데, 명나라가 북경으로 천도하면서 북경오리(北京烤鴨)로 이름을 바꿔 더 유명해졌다는 일화가 있다. 생선의 조리방법도 원래는 강소(江蘇), 절강(浙江) 일대의 조리방법을 응용하였다 한다.

청나라 초기에는 많은 산동인들이 북경에서 관료직을 맡아 일하면서 산동요리도 대량으로 북경 주변에 생겨났다. 청나라 말기에 들어서면서 어선방(御膳房, 황실주방)에서 관료들이 즐기던 요리가 점차 민간 음식점으로 유입되면서 궁중요리와 관부요리가 형성되었다.

청진요리(淸眞菜)는 북경요리의 일부분으로 남아있다. 원나라 이후 북경 사람들은 양고기를 즐겼다. 그 후에 청나라 건륭 시대에서는 양고기 연회가 생기기도 하고, 이슬람교의 회족인(回族人)들을 신봉하기 위한 조리법도 많이 개발되어 지금까지도 이어지고 있다.

(2) 루차이(魯菜)

루차이(魯菜)는 산동요리(山東菜)라고도 한다. 산동은 중국 유가문화의 발원지이다. 중국 춘추전국시대 노(魯)나라의 공자(孔子)는 일찍이 그가 제의했던 '식불염정, 회불염세(食不厭精, 膾不厭細)'의 음식관에서도 말했듯이, 음식을 만들 때 적절한 불의 사용과 조미료의 사용, 그리고 위생 등을 중요시했다. 음식예의(飮食禮儀) 등에도 많은 조리지식을 공헌했다.

지금으로부터 2천 년 전 한나라 때 지금의 산동 조리기술은 상당한 위치에 도달하였다. 중국의 기남에서 출토된 벽화에는 재료의 선택, 동물, 가금류의 도살방법, 동·식물의 세정방법, 전처리 과정, 절단 과정, 썰기 과정, 굽기와 쪄내는 과정 등이 상세히 기록되어 있다. 조리 조작 과정과 음식을 즐기는 연회 과정까지 보여주고 있다. 근 수백 년 이래 산동요리는 조리기술의 발전으로 제남(濟南)과 복산(福山), 두 지방의 대표적인 지방 요리로 분류되었다. 산동 곡부(曲阜, 공자의 고향)에도 관부요리가 발전하여 관부채(官府菜)가 형성되었다. 동시에 산동요리점이 북경에 진입하여 수많은 산동요리가 황실 궁중요리와 같이 북경 궁중 황실 요리인 어선(御膳)요리로 발전하였다. 후에, 황하 중·하류에 위치한 지방도 산동요리의 영향을 받아 중국 이북지방까지 발전하였다. 명실공히 북방의 대표 요리가 되어 북방요리(北方菜)에 이르렀다.

루차이의 발전은 산동성의 풍부한 농수산물이 지역경제 조건보다 월등하게 좋았기에 가능했다. 산동지역은 기온이 좋아 농수산물도 풍부하며, 동쪽으로 황해, 발해와 접하고 있어 이곳의 수산물 생산량은 전국에서 1~2위를 차지하였다. 수산물은 새우와 전복, 해삼, 도미, 조개류 등이 청도(靑島)에 풍부하고, 농업에서는 소맥, 용산(龍山)의 소미(小米), 연태(煙台)의 사과, 래양(萊陽)의 배, 귀주(貴州)의 산차, 노서(魯西)의 황소, 그리고 청도(靑島)의 맥주, 노산(嶗山)의 광천수, 용구(龍口)의 분사(粉絲), 동아(東阿)의 아교 등이 있다. 이러한 풍부한 자원 제공으로 루차이가 더욱 발전하게 되었다.

지금의 루차이는 중요한 제남채(濟南菜)와 연해의 교동채(膠東菜), 복산채(福山菜) 등 지방요리 위주로 형성되었다. 내륙에서는 지지고 볶은 요리에 적합한 금축류(禽畜類)를 많이 쓰고, 반도(半島) 연안에서는 해선류(海鮮類)가 발달했으며, 황하 또는 미산호(微山湖)에서는 수산물(水産物)을 이용한 요리가 발달하고 있다. 산동으로 많은 관광객과 미식가들이 몰려오고 있는 지금의 추세로 본다면, 앞으로 루차이는 더욱 발전할 것이다.

1) 북경요리(京菜)와 루차이(魯菜)의 조리 특징

북경요리에서 제일 중요하게 요구하는 것이 품질관리이다. 특징으로는 재료의 품질을 중시하며, 입에 신선한 맛을 돋우고, 화려하면서 풍부하며, 먹기 편한 세밀한 칼집을 요구한다. 재료도 주로 산해진미(山海珍味)를 사용한다. (예: 사슴의 심줄, 원숭이머리버섯, 제비집, 상어 지느러미, 해삼, 새우, 선어, 털게, 면양, 신선한 채소, 오리 등)

그리고 각종 부재료를 이용하여 굽기(烤, kǎo), 센불에 볶기(爆, bào), 조림(燜, mèn), 튀기기(炸, zhà), 빨리 볶기(炒, chǎo), 순간 볶기(烹, pēng) 등 각기 다른 조리법으로 특유의 맛을 만든다. 그중에서 굽기(烤, kǎo)와 물로 데치기(涮, shuàn) 조리법이 많이 알려져 있다.

종합하여 정리하자면, 청나라 말기에 궁중요리(御膳菜), 관부요리(譚家菜), 청진요리와 산동요리 등 4가지 요리를 기틀로 지금의 북경요리가 탄생되었고, 앞으로도 중국을 대표하는 요리로 발전하게 될 것이다.

루차이에서 중요시하는 것은 부드럽게(嫩, nèn), 신선하게(鮮, xiān), 맑게(淸, qīng), 연하게(脆, cuì), 담백하게(純, hún) 맛을 내는 것이다. 재료의 선택이 풍부하여 튀기기(炸, zhà), 지지기(煎, jiān), 덮어 뿌리기(扒, bā), 걸쭉하게 빨리 볶기(溜, liù), 조리기(燜, mèn), 굽기(烤, kǎo), 졸여서 볶기(燒, shāo), 시럽 묻히기(拔絲, bá sī), 시럽 조리기(蜜汁, mì zhī) 등의 조리법이 있다. 이 중에서 걸쭉하게 빨리 볶기(溜), 시럽 묻히기(拔絲)가 유명하다.

또한 루차이가 더욱 강조하는 것은 육수를 만드는 방법이다. 탕(淸湯, qīng tāng)과 우윳빛 탕(奶湯, nǎi tāng)을 특유의 비법으로 만들어 생선요리에서도 적절하게 사용한다. 또한 파 향을 조리에 사용하여 독특한 맛을 내는 것이 루차이 특유의 조리법이다. 이 외에도 루차이는 풍부하고 완벽함을 자랑하는 공부연석(孔附筵席)이란 연회요리가 유명하다.

공부연석은 중국 산동성 곡부현(曲阜縣)의 공부(孔附)에서 각종 연회를 열어 이름이 붙은 요리이다. 수백 년 전 공자의 후손들이 그곳으로 이주하면서 수많은 역대 대신들과 황족 친지들을 영접하였으며 엄숙한 제사(祭祀)를 거행하였다. 크고 작은 각종 연회를 베풀어 예의와 품격을 갖춘 풍부하고 다채로운 요리로 세인(世人)들에게 알려져 있다.

2) 북경·산동(루차이)의 유명한 요리

북경요리는 북경오리(北京烤鴨), 양고기 신선로(涮羊肉), 전복요리(蛤蟆鮑魚), 상어 지느러미(黃燜魚翅), 로한대하(羅漢大蝦), 돌솥양두(砂鍋羊頭), 초어볶음(醋椒魚), 제비집요리(淸湯燕窩) 등이 유명하다.

산동(루차이) 요리는 공부요리로 유명한 상어 지느러미(通天魚翅), 공부일품요리(孔府一品鍋), 신선오리요리(神仙鴨子), 관자요리(帶子上朝), 홍소해삼(葱燒海蔘), 홍소전복(紅燒鮑魚), 왕새우지짐(油燜大蝦), 활어간장소스(醬汁活魚), 전복지짐(鍋燭鮑魚盒) 등이 미식가들에게 알려진 유명 요리이다.

6. 요리명칭의 형성

중국의 모든 요리는 고유의 특징을 가지고 하나의 이름을 달고 탄생한다. 오늘날 조리기술이 발전하면서 새로운 요리가 매일 출현한다. 요리 이름도 규정 범위를 넘을 수밖에 없다. 좋은 요리 이름은 많은 사람에게 호감을 주고, 식욕을 촉진시키는 작용을 한다. 또한 요리의 이름으로 기본적인 요리의 뜻과 내용을 알 수 있다.

(1) 요리이름의 원칙

요리의 이름을 만들 때, 손님 입장에서 바라보는 시각과 사람들이 음식에 감정을 담을 정도로 좋은 인상을 주는 데 원칙을 둔다. 요리의 이름은 명실상부(名實相符)를 추구하여 전체적으로 만족스러운 요리의 특색과 면모를 갖춰야 한다.

* 예: 蛙式鱸魚(개구리 모양의 농어요리)는 농어를 청개구리 모양으로 가공하여 연꽃잎에 올리고, 부드러운 소스를 만들어 요리의 모양과 형태를 표현한 요리이다.

그리고 그 지방의 특징을 살려 표현한 요리 음운과 해, 문자로 표현한 요리 등이 있다.

(2) 요리이름이 정해지는 순서와 방법

요리의 이름은 종종 요리재료에 따라, 혹은 조리방법에 따라, 색채에 따라, 재료의 생산지에 따라, 맛과 향에 따라 정해지며 그 형태와 특징을 살려 정한다. 어떤 요리의 경우, 요리의 역사, 유래, 지방적인 특색도 크게 영향을 준다. 요리의 이름이 정해지는 과정은 일정하지 않을 수 있다. 두 가지 경우가 있는데, 하나는 먼저 요리의 이름을 구상하여 정하는 것과 요리의 근거를 삼아 새로운 요리 이름을 정하는 것이다.

이러한 이름은 종종 고전(古典)과 음의 조합으로 나오기도 하고, 재료의 형태와 색상, 생산지, 그리고 조리방법에 따라 심사숙고 끝에 요리 이름으로 나오기도 한다. 요리 이름은 조리 과정을 근거로 모든 사람에게 깊은 인상을 심어주도록 재료, 맛, 색상, 질감, 조리방법 등과 지방의 습관을 고려하여 정해야 한다.

1) 조리방법에 주재료를 넣어 형성된 이름

보편적인 명명 방법으로, 주재료와 어떤 조리방법으로 만들었는지 바로 반영이 되어 모든 사람들이 쉽게 알아볼 수 있는 이름이다.

 * 예: 軟炸蘑菇(부드럽게 튀긴 버섯), 脆炸生蠔(바삭하게 튀긴 생굴)

2) 주재료와 부재료의 이름

주재료에 부재료를 혼합하여 만들어 주·부재료의 본래의 맛과 향을 그대로 표현하는 이름이다.

 * 예: 龍井蝦仁(용정차의 향과 새우의 맛을 같이 맛보는 요리), 蟹黃魚肚(꽃게알과 생선부레로 만든 요리)

3) 조미료와 주재료가 혼합된 이름

조미료와 주재료가 궁합을 맞춰서 낸 이름으로, 주재료의 고유한 맛에 특징적인 소스를 가미하여 만든 이름이다.

 * 예: 蠔汁鮑魚(굴소스를 가미한 전복 요리), 珈喱鷄丁(카레소스를 곁들인 닭고기 요리)

4) 조리방법과 원료의 특징으로 창안한 이름

조리방법과 원료를 강조하여 보는 사람이 원료를 한 단계 더 빨리 이해 할 수 있도록 돕는 이름이다.

* 예: 湯爆双脆(끓는 물에 빨리 데쳐 연하게 만든 두 가지 요리), 油爆烏花(기름으로 빨리 볶은 오징어)

5) 주재료의 색상과 형태가 조합된 이름

주재료의 특징을 강조하여 보는 사람 입장에서 주재료의 색상과 형태를 주의 깊게 상기시켜 주는 이름이다.

* 예: 壽桃豆腐(수도 모양으로 만든 두부요리), 水晶蝦(수정같이 맑게 만든 새우요리)

6) 인명, 지명과 주재료를 합친 이름

한 지방의 특색을 강조하여 그 지방 사람들에게 요리에 대한 애착을 갖도록 하는 이름이다.

* 예: 德州扒鷄(덕주지방의 닭요리), 東坡扣肉(소동파 이름을 붙여낸 돼지삼겹살요리)

7) 주재료, 부재료와 조리법으로 명명된 이름

주재료와 부재료를 강조하여 조리방법으로 요리의 전모를 표현한 이름이다.

* 예: 熘松子牛卷(잣을 곁들인 쇠고기 말이), 虫草炖鴿(동충초를 넣어 삶은 비둘기)

8) 단순히 형태를 모방한 이름

요리 모양을 어떤 형태에 비유하여 사람들의 호기심을 일으켜 요리의 예술성을 강조한 이름이다.

* 예: 獅子頭(사자머리 모양의 고기요리), 松鼠魚(다람쥐 모양의 생선요리)

9) 채소로 표현한 이름

특정 채소(蔬菜)로만 만든 요리의 이름이다.

　* 예: 素餃子(채소로 만든 교자), 素魚丸(채소와 생선으로만 조리한 요리)

10) 과일과 기물에 따른 이름

과일과 당면 등으로 기물(용기)을 만들어 그 안에 요리를 담은 기물의 형태와 주재료의 궁합을 뜻하는 이름이다.

　* 예: 西瓜盅(수박을 조각하여 그 안에 음식을 넣어 표현하는 요리), 雀巢鷄球(당면, 감자로 새집을 만들어 그 안에 닭
　　고기를 넣은 요리)

11) 모양과 주재료에 따른 이름

주재료의 질감과 특색을 강조하여 먹는 사람들의 식욕을 돋우는 이름이다.

　* 예: 香酥鷄(향을 가미하여 튀긴 닭요리), 脆皮大蝦(바삭하게 튀긴 대하)

12) 주재료와 한약재(中藥材)로 표현한 이름

주재료와 한약재를 강조하여 특별한 중약의 효능을 상기시키면서 중국의 나라요리(國菜)인 의식동원(醫食同源)을 반영하는 이름이다.

　* 예: 蟲草鴨子(동충초 오리요리)

13) 중국과 서양식이 합성되어 나온 이름

서양식의 원료와 조리방법을 강조하여 중국요리를 먹으면서 서양식 풍미를 즐긴다는 데서 나온 이름이다.

　* 예: 吉力蝦排(왕새우칠리)

14) 기물과 주재료에서 발상된 이름

요리를 담아 가열할 수 있는 기물을 강조하여 장시간 가열한 요리의 진하고 독특한 향을 맛볼
수 있다는 의미에서 나온 이름이다.

* 예: 沙鍋魚翅(돌솥냄비에 끓여낸 상어 지느러미 요리)

15) 시(詩)와 가곡(歌曲)으로 전해진 이름

요리의 예술성을 강조하여 시곡(詩曲)을 지어 표현한 이름이다.

* 예: 百鳥歸巢(수많은 새가 둥지로 돌아온다는 요리 작품)

16) 과장된 조리기술로 명명된 이름

조리기술을 인정받아 통과한 뒤, 새로운 요리를 창안해 많은 사람들에게 특별한 감상을 심어
줄 수 있게 만든 이름이다.

* 예: 天下第一菜(세상에 하나밖에 없는 요리)

17) 행복과 평온에서 나온 이름

행복과 축복을 강조하는 뜻으로 사람들로 하여금 행복감을 느낄 수 있게 표현한 이름이다.

* 예: 全家福(전 가족에게 복이 온다)

18) 예술로 형성된 이름

요리 작품의 예술성을 강조하여 한 편의 시와 그림으로 표현될 수 있다는 뜻의 이름이다.

* 예: 金魚戲水(금붕어가 물에서 노는 모양을 표현한 요리 작품)

19) 특수한 조리방법에서 나온 이름

일반 조리방법 외에 특수한 방법을 강조한 뜻으로 많은 사람들이 생소하고 신기하게 느낄 수 있

도록 만든 요리의 이름이다.

* 예: 熟吃活魚(익혀서 나오는 활어), 油炸氷淇淋(기름에 튀긴 얼음과자)

20) 해음(諧音)으로 표현된 이름

주재료의 명칭(이름)의 발음이 일반 구어(口語)와 비슷한 뜻을 갖고 있는 용어를 이용하여 지어낸 이름이다.

* 예: 發菜魚丸湯(발채와 생선완자탕)=發財魚丸湯
   → 중국어에서 [菜]와 [財]는 똑같다 [cái]로 발음된다.

7. 조리상식과 기술

① 주재료와 부재료의 선별

중국요리는 일만여 가지일 정도로 풍부하고 다양해서 부재료의 적절한 사용과 재료 손질히는 사람의 정교한 칼솜씨, 음식궁합에 맞는 색채 등 모든 것이 조화를 이루어야 한다. 어떤 요리는 많은 부재료를 사용해서 만들고, 어떤 요리에는 특정 부재료를 사용해야 색(色), 향(香), 미(美), 형태와 질(質)이 살아있는 요리를 만들 수 있다. 그리고 그에 따른 영양가치도 염두에 둬야 한다.

하나의 요리를 완성하기 위해서는 기본적으로 크게 2가지 과정을 거쳐야 한다. 먼저 주재료를 가공 후, 도공의 손질을 거쳐야만 조리작업의 절반 이상을 마쳤다고 하며, 나머지 반은 주재료와 부재료의 배합과정에서의 질과 양, 주재료의 가치, 성분을 고려해야 한다. 여기에 각기 특수한 조리 방법으로 주재료와 부재료의 색, 향, 미, 질, 형태를 잘 조화시켜야 완벽한 요리가 탄생한다.

부재료의 선택은 주재료의 크기, 모양에 따라 조리법이 달라진다. 여기에서 참고로 도공의 전처리 과정에 썰기 형태를 살펴보면 다음과 같다.

* 주재료(육류나 가금류) 썰기 모양의 예
  한 마리(整隻), 한 부위(件), 둥글게(球), 편 썰기(片), 채 썰기(絲), 사각형 썰기(丁), 토막 내어 썰기(塊),
  마름모꼴 썰기(條) 경우

* 부재료에 적합한 향신료(香料) 썰기
  파 곱게 썰기(葱花), 파 토막 썰기(葱度), 마늘 편 썰기(蒜片), 마늘 다지기(蒜蓉), 생강편 썰기(薑片), 생
  강 다지기(薑米), 진피 채 썰기(陳皮絲), 통마늘(大蒜) 등

* 절임 부재료(醃製配料)
  두시(豆豉), 면시(麵豉), 설채(雪菜), 대두채(大頭菜), 짜사이(榨菜) 등

* 채소류 부재료(蔬菜配料)
  란도(蘭度), 채원(菜薳), 은아(銀芽), 개담(芥膽), 채담(菜膽), 하두(荷豆), 청고추(靑椒角) 등

* 기타(其他)
  초고(草菇), 동고(冬菇), 순각(筍角), 감순꽃(甘筍花), 하과(夏果), 요과(腰果), 호도(合桃) 등

② 재료의 전처리 과정

재료의 초기가공은 조리순서에 큰 영향을 준다. 서로 다른 성질의 재료를 정리하고, 적합한 조리
방법과 식품위생을 요구하며 표준화를 시켜서 좋은 요리를 만드는 데 목적이 있다.

가공 시 먼저, 재료의 성질을 파악해서 유연하게 작업을 시작해야 한다. 예를 들어 살아있는 금
축(禽畜)류는 먼저 도살하여 털을 뽑고, 비늘을 제거하고, 껍질을 벗기고, 다시 분리하여 뼈를 제거
한다. 채소류는 껍질을 벗기고 뿌리를 제거하며, 어패류는 비늘과 내장을 제거하고, 살을 바른 후,
겉피를 제거하는 등의 순서가 있다. 이런 과정에서도 여러 종류의 조리법을 병행하여 조리과정을
처리한다.

* 예: 자(煮, zhǔ), 초(炒, chǎo), 소(燒, shāo), 발(發, fā) 등

마른 산물을 불리는 과정에서는 매번 불리기(漲發, zhǎng fā) 또는 물 또는 기름에 불리기(發料, fā liào)의 전처리 과정을 필히 거쳐야만 한다. 상어 지느러미(魚翅), 해삼(海蔘), 동물의 심줄(蹄筋) 등 마른 재료는 먼저 소금물에 담그고, 다시 맑은 물에 담가 끓이거나 튀겨서 찜통에 찌는 등의 과정을 반복하여 다시 가열하는 방법을 통해 마른 재료를 원래 상태로 되돌려야만 좋은 요리를 만들 수 있다.

(1) 재료를 불리는 방법의 종류(漲發, zhǎng fā)

1) 수발(水發, shuǐ fā)

① 냉수발(冷水發): 건재료를 찬물에 담가두어 물을 충분히 흡수시켜 부드럽고 신선한 형태를 회복시킨다.

② 온수발(溫水發): 건재료를 미지근한 물에 담가두어 팽창하게 하는 과정으로, 보통 냉수발과 혼합하여 사용한다.

③ 열수발(熱水發): 포탕(泡湯, pào tāng)이라고도 한다. 건재료를 뜨거운 물에 넣고 끓여서 또는 계속 끓이는 방법으로 재료가 수분을 빨리 흡수하여 부드럽게 만든다.

2) 유발(油發, yóu fā)

마른 재료를 먼저 기름(중불)에 튀겨주면서 서서히 온두를 올리면, 마른 재료에 남아있는 소량의 수분이 완전히 제거되는 동시에 팽창하게 된다. 그러면 마른 재료의 형태가 벌집 모양으로 변한다. 이런 가공방법은 유질과 교질 함량이 비교적 많은 마른 재료에 사용한다.

3) 염발(鹽發, yán fā)

마른 재료(생선 부레, 동물심줄)를 소금을 넣은 솥에 넣고 천천히 뒤집어가며 가열하여 볶는다. 그리고 가열한 소금에 덮어서 익히면 팽창하여 바삭하게 변한다. 사용하기 전 온수에 담가두면 다시 부드럽게 되돌아온다.

4) 사발(沙發, shá fā)

고운 모래를 이용하여 열을 전달하는 방법이다. 마른 재료에 모래를 묻혀서 서서히 열을 전달하여, 재료에 열이 도달했을 때에 맞춰서 팽창하여 원래의 형태로 되돌린다.

5) 화발(火發, huǒ fā)

표면에 털과 단단한 껍질을 가진 재료에 사용한다. 먼저 마른 재료를 불(직활)에 구워주고 표면이 진황색이 되면 끓는 물에 담가 무르게 한 다음, 칼로 겉피를 제거한 뒤 다시 끓는 물에 삶아 불리고, 우려낸 물과 같이 사용한다.

(2) 재료의 손질기술과정

재료의 전처리 과정이 끝나면 도공이 재료를 각종 형태로 세밀하게 썰어서 모양을 만든다. 전문 직업을 가진 요리사는 최소한 도공의 기술과 부재료의 배합과정을 알고 있어야만 수많은 요리를 자신 있게 만들 수 있다.

(3) 식재료의 처리와 저장방법

모든 재료는 각기 다른 성질을 갖고 있다. 유능한 조리사가 제일 중요시하는 것은 식재료의 처리방법과 저장방법 그리고 식품위생이다. 그중에서도 식품위생을 제일 중요시하여 찬 음식과 뜨거운 음식을 분리하고, 색상이 다른 도마를 사용하여 육류나 채소류의 전처리 작업을 한다. 냉장·냉동에 저장 할 재료는 명칭을 표시하고, 종류별로 분리하여 지정 위치에 보관해 식품오염을 방지한다. 그리고 모든 식재료의 유통기간을 입출고 시 꼭 확인한다.

(4) 조미료(調味料)

맛있는 요리에는 오자육미(五滋六味)라는 용어가 꼭 따른다. 오자육미란 맛이 풍부하고 다양하다는 뜻이다. 오자(五滋)는 음식 맛이 향기롭고, 바삭하고, 부드럽고, 촉감이 있고 진하다는 말이고, 육미(六味)는 새콤하고, 달콤하고, 쓰고, 매콤하고, 신선하고, 짭짤하다는 뜻이다.

그러면 어떻게 요리의 맛을 내는 것인가? 조미(調味)라는 방법을 사용하였기 때문이다. 여기서 말하는 조미는 요리를 만드는 과정에 어떤 요리에 조미료를 어떻게 적절하게 사용 했느냐에 따라서 맛있는 요리가 탄생된다는 것이다. 조미가 잘 된 요리는 맛을 향상시키고, 나쁜 맛을 제거하여, 향토적인 맛을 형성한다. 기본적인 조미방법은 가열(加熱) 전 조미방법, 가열 중 조미방법, 가열 후 조미방법, 그리고 혼합(混合) 조미방법 등이 있다.

(5) 장맛(醬料, jīng liào)

장(醬)은 백가지 맛을 낼 수 있고, 식미지주(食味之主)란 별명을 붙여서 맛의 제왕이라고도 한다. 전문조리사는 필히 장의 사용비결을 알아야 한다. 그래야만 음식의 맛을 완벽하게 조리할 수 있기 때문이다. 요리의 맛은 수없이 변하고 또 변한다. 이러한 변화 작용 중에 또 다른 맛을 창조하여 식객(食客)이 만족할 때까지 도전하는 것이다.

요리의 특징은 조리사 본인이 주로 장의 고유한 짠맛, 단맛, 신선한 맛, 매운맛, 쓴맛을 교묘하게 이용하여 복합적인 맛을 내는 것이다. 그래서 모든 요리가 보기에는 비슷하지만 그 속의 맛과 향이 서로 다른 미각을 느낄 수 있는 것이다.

장의 종류는 다양하다. 그중에서도 주로 사용하는 것은 춘장(甜麵醬), 겨자장(芥末醬), 주조(酒糟), 참깨장(麻醬), 마늘장(蒜泥), 부추장(韭菜醬), 참기름(麻油), 식초(醋), 백설탕(白糖), 대파(大葱) 등이다. 이렇게 다양한 장은 조리할 때는 물론 조미료로도 사용하지만 때에 따라서는 식탁에 올려놓고, 식객 개개인의 취향에 따라 찍어먹는 소스로도 사용한다. 북경의 유명한 양고기전골(涮羊肉)을 보면 여러 가지의 장이 준비되어 있어 식객에게 다양한 양고기 맛을 즐길 수 있도록하여 행복감을 더한다.

③ 중식칼 도구 설명 및 사용방법

* 절도(切刀, qiè dāo)
  칼 모양이 장방형으로 가볍고 얇다. 포 뜨기, 편 썰기, 채 썰기 등 다양하게 사용한다.

* 참도(斬刀, zhǎn dāo)
  칼등이 두껍고, 칼등의 칼날 부분이 삼각 모양으로, 주로 큰 재료를 쳐서 자르거나 연골 뼈를 토막 내고, 장족발 등을 자르는 데 사용한다.

* 할도(割刀, gē dāo)
  칼 앞날이 얇고, 타원 모양으로 칼이 짧으며 가볍다. 주로 고기 기름 부분을 제거나 분리하는 데 사용한다.

　* 괄도(刮刀, guā dāo)
　　칼날이 활모양으로, 안으로 약간 휘어져 주로 표면의 껍질이나 털을 제거하는 데 사용한다.

　주방에서 일하는 사람들은 자신들의 칼을 보배로 여긴다. 매일의 일과를 마무리하면서 항시 자신의 칼을 열심히 갈고 닦아서, 칼과 함께 열심히 일한 보람에 대해 감사의 표시를 한다.

(1) 도장(刀章)의 응용 및 썰기(재단) 방법

　도장은 칼을 쓰는 방법을 말한다. 하나의 요리가 완성되기까지 각종 재료를 칼로 어떻게 썰어서 만드는가에 따라서 형태가 변한다. 자주 사용하는 칼을 쓰는 방법은 다음과 같다.

　* 절(切, qiè): 사용할 재료를 위에서 밑으로 힘을 주어 자르는 방법.

　* 편(片, piàn): 批[pī]라고도 한다. 직도 또는 옆면으로 써는 동작으로 재료를 얇은 편으로 써는 방법.

　* 기(剞, jī): 화도(花刀)라고도 한다. 절(切)과 편(片)을 혼합하여 써는데, 꽃무늬 모양으로 칼집을 내서 떨어지지 않게 하는 기본 방법.

　* 감(砍, kǎn): 劈[pī]라고도 한다. 단단한 재료를 두 쪽 또는 여러 쪽을 내는 방법.

　* 추(捶, chuí): 칼등으로 재료를 곱게 다지는 방법.

　* 척(剔, tī): 뼈를 발라내는(제거하는) 방법.

　* 배(排, pái): 재료의 한부분을 평편하게 펴서, 칼 앞쪽과 뒤끝을 이용하여 근육질을 짓눌러 연하게 만드는 방법.

* 박(拍, pāi): 칼을 넓게 잡고, 재료(채소류)를 살짝 으깨주듯 내려치는 방법.

* 부(剖, pōu): 재료를 중앙 부분에서 반쪽으로 쪼개는 방법.

* 타(剁, duò): 재료를 잘게 저미는(다지는) 방법.

* 과(剮, guǎ): 재료의 살과 뼈를 분리하는 방법.

* 삭(削, xuē): 재료의 피(껍질)를 제거하는 방법.

* 완(剜, wān): 과일칼 또는 칼로 둥글게 돌려서 깎고, 그 안에 속 재료를 담는 방법.

* 조(雕, diāo): 모든 재료를 조각칼로 여러 모양으로 조각하는 방법.

* 괄(刮, guā): 재료의 겉피(껍질)를 칼로 긁어내는 방법.

* 효(撬, qiào): 칼끝으로 단단한 어패류의 안쪽으로부터 깊숙이 넣어 열리게 하는 방법.

* 할(割, gē): 뼈 없는 큰 살코기 덩어리를 칼로 분리하는 방법.

* 선(旋, xuán): 削[xuē] 방법과 비슷하며 둥근 모양의 과일(사과, 배)을 칼로 돌려 깎아서 껍질 모양이
  길게 꼬이는 현상을 비유한 방법.

중식조리의 기본 조리방법은 사용기기에 따라 다섯종류로 나눌 수 있다. 불의 조리법(火烹法), 물에 의한 조리법(水烹法), 수증기의 조리법(氣烹法), 기름을 이용한 조리법(油烹法), 그리고 기타 조리법(其他烹法)이 있다. 여기에는 각기 다른 불의 강약의 순서도 따르면서 세밀한 조리방법을 이용하기도 한다. (*예: 炒, 爆, 燒 등)

일반적인 중국요리는 한 가지 조리방법만을 사용하여 요리하지 않는다. 여러 종류의 조리방법을 사용해서 요리에 다양한 변화를 주고 독특한 맛을 만든다. 그래야만 더 깊은 중국요리의 이념을 갖출 수 있다. 이런 복합적인 기술 방법이 상호기술교류의 원인이 되기도 하고 조리하는 요리사들에게도 감각, 촉각, 경험을 쌓게 한다. 더 나아가 그 지역의 환경과 기후, 특산물을 사용해서 지방의 특색요리를 만들어 발전해 나가는 것이다.

먼저 조리법의 내용에 따라 분류하여 간략히 설명한다.

1 불을 이용한 조리법(火烹法)

불을 이용한 조리방법은 석탄(煤), 숯(炭), 나무(柴), 가스(燃) 등의 연료를 가공 처리해서 발생한 화력을 이용해 만드는 조리법의 총칭을 말한다. 불을 이용한 조리법으로는 명화고(明火烤), 암화고(暗火烤), 명암화고(明暗火烤) 그리고 기타 화고(火烤)가 있다.

(1) 명화고(明火烤)

강한 불로 재료를 직접 조리하여 수분을 증발시켜서 재료 조직의 밀도에 변화를 주어 부드럽게 익히는 조리법이다.

(2) 암화고(暗火烤)

화로 통기구를 이용한 조리로, 민로고(燜爐烤)라고도 한다. 재료를 화로 통기구 안에 넣은 후, 불이 직접 재료에 닿지 않게 벽면으로 열을 통하게 하여 익히는 조리법이다.

(3) 괘로고(掛爐烤)

화로 통기구의 문을 닫지 않고 명화고(明火烤), 암화고(暗火烤)를 동시에 사용한다. 재료를 화로 통기구 안쪽의 주위에 걸어놓는 상태에서 천천히 익히는 조리법이다.

(4) 기타 조리법(其他烤法)

각기 다른 조리도구를 사용하여 열을 전달하는 방법으로, 쇠를 불에 뜨겁게 달궈서 재료에 직접 닿아 익히는 방법을 적고(炙烤)라 한다. 그리고 굵은 소금으로 익혀내는 방법을 염국(鹽焗)이라 하며, 그 외 재료를 흙이나 나뭇잎으로 싸서(발라서) 장작부로 익히는 방법을 니고(泥烤)라 한다.

(5) 수팽법(水烹法, 2단계 조리법)

전처리(재료의 손질 및 썰기) 과정을 마친 재료를 1단계(끓는 물에 데치거나, 기름에 살짝 익혀냄) 과정을 마친 뒤, 조리방법에 따라 적절한 조미료를 넣고 2단계(삶거나, 볶거나, 졸이기) 과정을 거쳐 원하는 완성품을 만드는 조리기술의 총칭이다. 뜨거운 물체에 열을 받아 발생한 물리적인 현상을 이용하는 것이다.

1) 소(燒, shāo)

전처리 과정과 1단계 과정을 거친 뒤, 2단계 과정에서 먼저 센 불에 끓여 내고 중·약 불에서 완전히 익혀준 다음 다시 센 불을 이용해 원하는 소스의 농도를 맞추는 과정을 소(燒)라 한다.

2) 돈(燉, dùn)

마지막 공정에 물을 부어 약불에 장시간 가열하여 완성하는 조리법이다. 먼저 재료에 육수와 조미료를 넣어 강한 불에서 끓인 후, 다시 중불, 약불로 장시간 조려서 익힌다. 주재료의 향과 맛이 달아나지 않게 보존하여 재료의 진국을 살리기 위한 것으로 탕을 맑게 만든다.

3) 민(燜, mèn)

먼저 전처리 과정을 완료한 재료를 돌냄비·전골냄비(砂鍋)에 넣고, 여기에 적정량의 육수와 조미료를 넣는다. 냄비의 뚜껑을 덮고 센 불에 먼저 끓인 후, 다시 약불에서 천천히 장시간에 걸쳐 재료가 연하게 익으면 간이 배도록 냄비에 소스가 조금 남게 조리한다.

4) 외(煨, wēi)

화력을 약하게 가열하여 적정 시간에 걸쳐 만들어 내는 조리법으로 주로 탕 요리에 사용한다. 우윳빛이 나면서 진한 게 특징이다. 가공 처리한 재료를 한번 끓이고, 데쳐서 다시 냄비나 솥에 넣어 적당히 끓은 물과 조미료를 첨가한다. 먼저 센 불에 끓여서 떠있는 잡물을 제거하여 뚜껑을 덮고, 약불에 천천히 장시간 끓인다. 탕 국물은 진하고, 재료는 완전히 흐트러지게 해서 죽처럼 부드럽게 만든다.

5) 회(燴, huì)

주재료는 전처리 과정을 거친 후, 다시 살짝 데쳐서 부재료와 같이 팬에 넣는다. 거기에 적절하게 육수와 조미료를 넣어 짧은 시간에 가열하고, 녹말물을 풀어서 걸쭉하게 만드는 조리법이다(녹말을 안 넣고 조리하면 淸燴라 한다). 녹말물로 약간 걸쭉하게 만들면 갱(羹, gēng)이 된다. 회채(燴菜)의 소스에는 대부분 끈적이는 현상이 있어서, 꼭 많은 녹말물을 넣어야 소스가 걸쭉하게 만들어져 원하는 조리 요구에 맞출 수 있다.

6) 배(扒, pá)

전처리 가공한 재료를 바로 팬에 넣어서 적당한 육수와 조미료를 넣는다. 중불과 약불에 가열해서 재료에 간이 배게 하고, 녹말물을 풀어서 그릇에 담아도 요리의 형태가 흐트러지지 않게 원래 모양을 유지하는 조리법이다. 지금은 조리사들이 먼저 만든 주재료를 미리 접시에 담고, 소스나 부재료를 만들어 다시 덮어주거나, 뿌리는 방법을 쓴다.

7) 고(燻, kǎo)

전처리 가공한 재료를 바로 팬에 넣어서 적당한 육수와 조미료를 넣는다. 그리고 가열해서 다시 중불, 약불로 조절하여 재료에 간이 배어 익으면 다시 센 불로 가열한 후, 졸여서 소스를 조금 남게 하는 조리법이다. 재료를 적당히 부드럽게 만들고 소스가 졸여지면서 요리의 맛을 효과적으로 낼 수 있다는 장점이 있다.

8) 탄(汆, cuān)

전처리 가공한 부드러운 재료를 작은 크기로 만들어서, 끓는 육수 팬에 넣고 단시간에 탕 요리를 만드는 조리법이다. 빠르게 재료의 맛을 신선하게 만들고, 식감과 담백한 맛을 낸다.

9) 자(煮, zhǔ)

 전처리 과정을 거친 재료를 적당한 물에 넣어 강, 약의 불 조정을 통해 재료가 익으면 바로 꺼내는 조리법이다.

10) 쇄(涮, shuàn)

 재료를 얇은 편으로 썰어서 끓는 냄비에 넣고 짧은 시간에 가열하여 여러 종류의 소스를 찍어 먹는 조리법이다. 재료의 원래 맛을 유지하면서 끓은 육수를 농후하게 하는 장점이 있다.

11) 오(熬, āo)

 전처리 과정을 거친 재료를 기름으로 지지거나 한번 볶아서 다시 팬에 넣고, 여기에 적당량의 육수와 조미료로 간을 한다. 그리고 다시 중불, 약불로 재료를 완전히 익혀서 주재료의 고유한 맛이 배게 하는 조리법이다.

12) 로(滷, lǔ)

 중국전통 냉채를 만드는 조리법 중 하나로 원래는 煮[zhǔ]을 사용하였다. 주재료와 부재료는 전처리 가공을 하고, 주재료는 미리 끓인 소스 냄비에 넣고 가열한다. 소스의 진한 향과 맛을 주재료에 흡수시켜 내는 요리로 냉채의 조리법 중 하나이다.

13) 장(醬, jiàng)

 냉채를 만드는 조리법이다. 원래는 煮[zhǔ]을 사용하였다. 먼저 전처리 과정을 거친 재료를 미리 끓인 간장소스에 넣어 가열한다. 그리고 다시 중불, 약불로 장시간에 걸쳐 주재료가 완전히 익어서 산장소스가 배면, 꺼내서 식힌 후 냉채로 사용하는 조리법이다.

14) 침(浸, jìn)

 전처리한 재료를 끓는 냄비에 넣어서 수시로 불 조절을 하고, 재료를 냄비 물에 잠기게 끓인다. 재료가 익을 즈음 뜨거운 탕의 열기로 완전히 익히는 조리법이다. 재료가 잠겨있는 상태에서 단백질에 변화를 주지 않아, 질겨지는 것을 방지하고 신선한 맛을 더해준다.

15) 밀즙(蜜汁, mì zhī)

 전처리 과정을 거친 재료와 반가공한 재료를 미리 만들어 놓은 설탕 시럽 용기에 넣고 소(燒, shāo), 증(蒸, zhēng), 초(炒, chǎo), 민(燜, mèn) 등 다른 방법으로 익히는 중국 디저트 조리법이다.

❷ 증기를 이용한 조리법(氣烹法)

가열된 기계의 수증기를 사용하여 요리를 쩌서 익히는 조리법이다. 이 조리법은 물리학의 열전달 이론을 통해 뜨거운 열기로 익혀서 재료를 매끄럽고 부드럽게 만들지만, 요리의 색을 좋게 하거나 바삭하게(脆化) 만들지는 못한다. 완성한 요리가 보기 좋은 색을 내거나 빛나지 않는 조리법이기 때문이다.

(1) 증(蒸, zhēng)

전처리 과정을 거친 재료를 찜통(蒸籠)에 넣어 일정한 열을 통해 증기를 발생시켜 재료를 익히는 조리법이다. 찜통 안의 고온과 압력으로 재료가 빨리 익으면서 고유의 맛과 향을 보존한다.

❸ 기름을 이용한 조리법(油烹法)

기름을 사용하여 전처리 과정을 거친 재료를 익히는 조리법이다. 사용하는 기름의 양과 기름 온도의 고저(高低)에 따라 조리의 방법과 명칭이 달라진다.

(1) 작(炸, zhá)

전처리 과정을 거친 재료를 기름을 넉넉히 두른 팬에 넣고 장시간과 짧은 시간에 걸쳐서 기름 온도를 고·저로 조절한다. 요리재료 안에 적당한 수분과 신선한 맛을 유지하고, 겉면은 바삭하면서 향을 돋게 하며 한 번의 동작으로 완성하는 조리법이다. 이 조리법을 사용해야만 표면은 타지 않으면서 속은 부드럽고, 재료의 표면에 색채와 윤기가 돌고, 눅눅하지 않고 바삭한 식감이 돋는 요리를 만들 수 있다.

(2) 팽(烹, pēng)

센 불에서 재료를 빨리 볶는 신종 조리법이다. 먼저 튀겨낸 재료를 다시 강한 불에 거쳐 완성하는 조리법이기도 하다. 전처리 과정을 거친 재료에 간을 하고 바로 튀김옷을 입힌다. 넉넉한 기름에 바삭하게 튀겨낸 뒤, 다시 다른 팬을 사용하여(혹은 튀김 팬의 기름을 따라내고 약간의 기름만 남긴다) 센 불에 미리 준비한 부재료와 소스(양념)를 튀긴 재료와 같이 넣어 빠른 속도로 볶는다. 소스(양념)가

신속히 주재료에 스며들게 하여 진한 향기를 돋운다.

(3) 류(溜, liù)

전처리(손질과 재단) 과정을 완료한 재료를 센 불에 볶다가 1단계(기름에 살짝 익힌 재료) 과정을 마친 재료를 넣고, 혼합하여 짧은 시간에 배합하여 걸쭉한 소스를 만드는 조리법이다. 특징은 요리의 맛을 최대한 신선하고, 부드럽게 만드는 것이다.

(4) 초(炒, chǎo)

전처리 과정을 거쳐 작은 형태로 썰은 재료를 센 불에 소량의 기름을 넣어 순간적으로 가열한다. 동시에 재료와 조미료를 넣고 충분히 볶으면서 기름과 조미료, 재료가 하나가 되도록 완성하는 조리법이다. 이러한 조리법은 재료를 빨리 변성하여 익혀주고 신선한 맛을 보존하며 기름의 향과 조미료가 빨리 용합하는 데 목적이 있다.

(5) 폭(爆, bào)

조리법 중에 강한 화력으로 최단 시간 내에 조리하는 조리법이다. 제일 센 화력에서 기름과 물을 뜨겁게 끓이거나 데쳐서 작은 크기로 썬 재료를 순간 가열한다. 그리고 다시 달궈진 팬에 뜨거운 기름을 넣고 조미료와 함께 볶는 조리법의 총칭이다.

(6) 전(煎, jiān)

재료가 짐기지 않도록 팬에 기름을 넣고 천천히 익히(튀게)는 조리법이다. 중불과 약불을 사용하여 비교적 긴 조리 시간이 필요하다. 재료를 평평하게 썰어 튀김가루나 녹말을 묻혀서 넓적하게 달군 팬에 넣고, 소량의 기름을 넣어서 중불과 약불에서 재료의 표면에 황금색이 나도록 노릇하게 지진다. 재료가 열을 받아 익는 동안에 재료 속의 수분과 신선한 맛을 유지시키면서 표면은 바삭하고 속은 부드러운 식감을 갖는다.

(7) 첩(貼, tiē)

두 가지 이상의 평평한 재료를 같이 쌓아 올리고, 여기에 녹말이나 밀가루 풀과 같이 붙는 재료를 입힌다. 팬에 먼저 담고 약간의 기름을 넣어 중불, 약불로 가열하여 재료의 밑바닥이 노릇하게 황금색이 나게 만드는 조리법이다.

(8) 탑(塌, tā)

전처리 과정을 거친 재료를 펴서 녹말을 묻힌 후, 팬에 넣고 약간의 기름과 부재료를 넣는다. 중불, 약불로 조절하여 표면을 노릇하게 지지며 간이 스며들게 하는 조리법이다. 재료에 옷을 입혀 지지는 과정에 겉옷이 두툼하게 막이 생겨 소스(양념)가 흡수되면 다시 팬을 뒤집으면서 구수하고 진한 향이 달라붙어 요리가 한층 더 강한 느낌을 준다.

(9) 발사(拔絲, ba sī)

팬에 설탕 시럽을 미리 만들어놓고 익혀낸 재료를 넣고 가열하여 재료의 표면에 한 겹의 시럽을 묻히는 조리법이다. 설탕 시럽이 실처럼 가늘게 늘어나는 현상을 일컫는다. 바로 만든 재료를 얼음물에 담가 온도가 떨어지면 재료 표면에 시럽 한 겹을 붙인다.

(10) 파리(玻璃, bo lí)

전처리 과정을 거친 반가공한 재료에 설탕 시럽을 골고루 묻혀서 그릇에 담아 젓가락으로 하나씩 뗀 후, 차갑게 식힌 조리법이다. 재료의 표면에 시럽을 한층 입혀서 식혀두면 단단한 사탕 모양으로 응고되어 투명 연황색이 되고, 모양이 마노(瑪瑙), 유리(玻璃)와 비슷해진다.

(11) 괘상(掛霜, guà shuāng)

뜨거운 팬에 설탕 시럽을 끓여서(拔絲, 시럽 보다 되게 만들어) 전처리 과정을 거친 반가공한(또는 익혀낸) 재료를 넣고, 혼합되게 설탕을 묻히면서 표면에 하얀 서리가 끼는 현상을 사용한 조리법이다.

4 기타조리법(其他烹法)

그 밖에도 전처리 작업(세정 작업)한 재료를 별도의 가열과 조리법을 거치지 않고 직접 조미료를 첨가하거나, 1차로 익혀낸 재료에 조미료를 첨가 후 만든 요리, 또는 완성된 요리에 단백질이 용화되어 식어서 응고된 젤라틴 성분으로 만든 요리, 불완전연소로 발생한 강한 연기로 재료를 익히고 향을 스며들게 만든 요리 등의 조리법이 있다. 주로 반(拌, bàn), 창(熗, qiàng), 엄(醃, yān), 동(凍, dòng), 훈(燻, xūn) 등 조리에 사용된다.

대부분은 찬 음식(냉채)에 사용하여 재료에 조미료(양념)를 흡수시키면서 투명하게 작용하여 요리에 맛이 배게 한다.

(1) 반(拌, bàn)

전처리 과정을 거친 재료를 가늘게 채로 혹은 얇게 편으로 썰어서 생(生)·냉동·익혀낸 재료에 조미료를 첨가하거나 미리 만들어 놓은 것을 버무려 묻히는 조리법이다. 가열 과정 없이 바로 만들 수 있으므로 재료를 먼저 편(片), 가는 채(絲), 사각 모양(丁), 토막(塊), 굵은 채(條)로 썰어 소스와 같이 묻히면 편리하게 조리할 수 있다.

(2) 창(熗, qiàng)

전처리 과정을 거친 재료를 가늘게 채로 혹은 얇게 편으로 썰어서 끓는 물에 데치거나 기름에 지져서 익힌다. 그 위에 향신료를 가미한 뜨거운 기름을 뿌려서 단시간 안에 재료에 향이 배게 만든 후, 버무리는 냉채 조리법이다.

(3) 엄(醃, yān)

전처리 과정을 거친 재료를 소금, 소금물, 술, 설탕 그리고 각종 조미료로 만든 엑기스(소금에 절인 젓 종류)를 사용하여 절인 냉채를 말한다. 소금으로 절이는 과정에서는 재료의 수분을 제거할 뿐만 아니라, 나쁜 냄새를 없애고 소독작용도 하면서 재료에 간이 배게 할 수 있다.

(4) 동(凍, dòng)

한천, 젤라틴 종류와 재료를 같이 끓인다. 녹은 후 응고시켜서 만드는 특수한 냉채의 조리법이다.

(5) 훈(燻, xūn)

재료를 밀봉되어 있는 용기에 넣고, 연료를 사용하여 여기에서 나오는 연기의 열을 이용해 재료를 익히는 조리법이다. 훈제의 향을 유지하면서 미생물의 번식을 억제할 뿐만 아니라, 재료의 색상을 장기간 보존할 수 있다.

9. 중식 조리용어 해설

① 중국요리의 조리기구

중국의 남부요리와 북부요리에서 사용하는 조리용 팬의 구조와 원리는 대부분 비슷하다고 볼 수 있다. 팬의 모양은 양쪽 모두 원형의 중앙 부분이 凹형태로 새둥지 모양과 같은데, 이는 가열 시 열을 받을 때의 현상과 화로 제작과 관계가 있다. 크게 다른 점은 북방인은 주로 손잡이가 한 개 달린 팬(單柄燒鍋, dān bǐng shāo guo)을 사용하고, 남방인은 주로 손잡이가 두 개 달린 팬(双耳燒鍋, shuāng ěr shāo guo)을 사용한다. 이러한 차이는 두 지방의 조리사들의 체격이 크고 작은 차이에서 생겨났다.

현재 대부분의 중국요리 전문점의 조리 설치 구조를 보면 위생적이고 청소가 편리한 스테인리스로 제작하여 사용한다. 불의 강약 조절을 손뿐만 아니라 발 또는 무릎으로도 할 수 있게 하여 점차 편리성을 갖춰 가고 있는 추세이다.

(1) 중식화덕(灶台, zào tái)

(2) 화구(火口)의 명칭과 설명

미화(微火, wēi huǒ)	소화(小火, xiǎo huǒ)	중화(中火, zhòng huǒ)	대화(大火, dà huǒ)
약화(弱火, ruò huǒ)라고 한다. 화력을 최소로 조절하여 주로 온도를 유지하는 데 사용한다.	만화(慢火, màn huǒ)라고 한다. 불빛이 청황색을 띠고 화력이 강하지 않아, 주로 조리거나 데치는 데 사용한다.	문무화(文武火, wén wǔ huǒ)라고 한다. 화력이 일직선으로 강하게 올라와 붉은 색상을 띠며 열기 분출 현상이 높다.	왕화(旺火, wàng huǒ)라고 한다. 광도가 강하고 열기가 무척 강해서 팬을 놓는 즉시 달아 오른다.

(3) 중식 기본 조리기구 명칭

중식칼

菜刀[cài dāo]

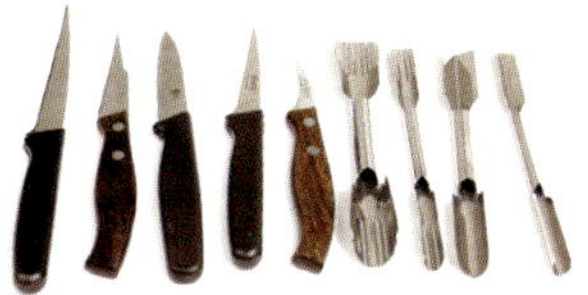

조각칼

彫刻刀[diāo ke dāo]

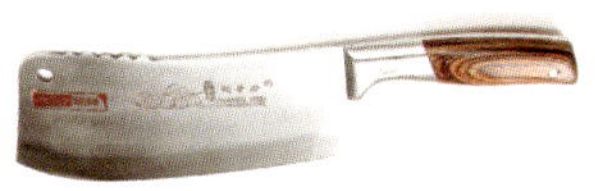

참도

斬刀[zhǎn dāo]

북방팬

單柄燒鍋[dān bǐng shāo guo]

남방팬

双柄燒鍋[shuāng bǐng shāo guo]

중국국자

玉勺子[yù sháo zi]

솥빗자루

刷掃[shuā sào]

튀김거름망

漏勺[lòu sháo]

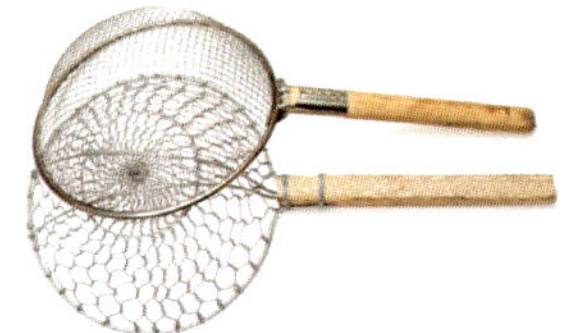

튀김조리

笊籬 [zhào lí]

대나무찜통

蒸籠[zhēng lǒng]

나무밀대

面棍[miàn gùn]

돌솥

石鍋[shí guō]

접시

盘子[pánzi]

(1) 소(燒, shāo)

(2) 민(燜, mèn)

(3) 회(燴, huì)

(4) 배(扒, pá)

(5) 고(燺, kǎo)

(6) 탄(汆, cuān)

(7) 로(滷, lǔ)

 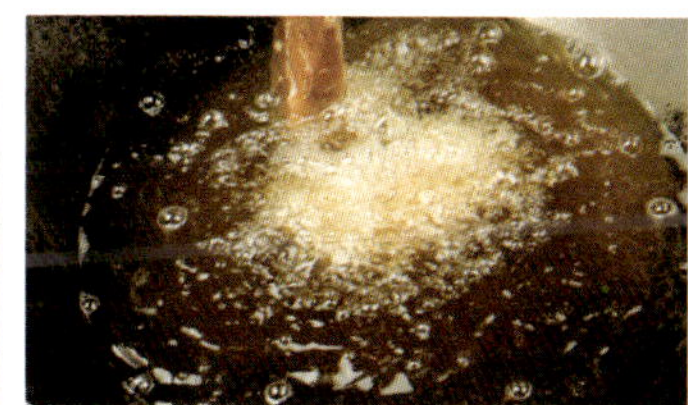 

(8) 장(醬, jiàng)

(9) 증(蒸, zhēng)

(10) 작(炸, zhá)

(11) 팽(烹, pēng)

(12) 류(溜, liù)

(13) 폭(爆, bào)

(14) 초(炒, chǎo)

(15) 전(煎, jiān)

(16) 탑(塌, tā)

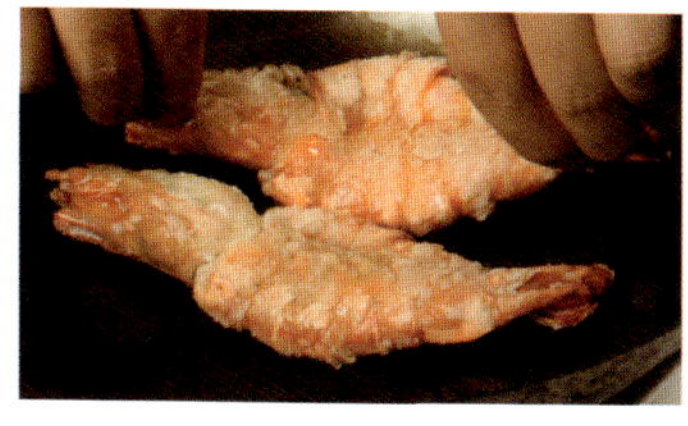  

(17) 발사(拔絲, ba sī)

(18) 반(拌, bàn)

(1) 절 切[qiè]_Cutting

- 재료를 여러 조각 모양으로 나누는 방법.
- 칼과 재료의 사이를 수직으로 유지하여 위에서 밑으로 힘을 주어 자르는 방법을 切[qiè]라고 부른다.
- 아래 그림은 자주 사용하는 여러 가지 切[qiè]의 기술 설명이다.

위에서 아래로 썰기
切[qiè]

직도 썰기
直切[zhí qiè]

굴려 썰기
滾刀切[gǔn dao qiè]

위에서 밀어 썰기
推切[tuī qiè]

큼직하게 썰기
切塊[qiè kuài]

가는 채 썰기
切絲[qiè sī]

긴 마름모꼴 썰기
切條[qiè tiáo]

송송 곱게 썰기
切茉[qiè mò]

네모꼴 썰기
切丁[qiè dīng]

(2) 편 片[piàn]_Slicing

- 직도 또는 옆면으로 써는 동작으로 재료를 얇은 편으로 써는 방법.

편으로 썰기	방향 바꿔 썰기	편 모양 썰기
片[piàn]	反刀批[fǎn dào pī]	片[piàn]

(3) 편 片[piàn]_Slicing

- 비(批, pī)라고도 하며, 옆면으로 써는 동작으로 재료를 얇은 편으로 써는 방법

눌러서 당겨 썰기	눌러서 밀어 썰기	비스듬히 썰기
拉刀批[lā dào pī]	推刀批[tuī dào]	斜刀批[xié dào pī]

(4) 박 拍[pāi]_ Smashing

- 섬(剡, yǎn)이라고도 하며, 칼의 넓은 면을 사용해서 재료(채소류)를 으깨듯이 파쇄(破碎)하는 방법
  (반드시 으깨져야 함).

(5) 기 劑[jì]_Slicing

- 화도(花刀)라고도 하며, 切와 片을 혼합하여 써는 방법.
- 꽃무늬 모양으로 칼집을 내고, 떨어지지 않는 게 기본이다.

옆면으로 잔 칼집 내기

斜刀劑[xié dāo jì]

(6) 삭 削[xuē]_Peeling

- 칼날로 재료의 외피(껍질)를 밖에서부터 제거하는 방법.

(7) 부 剖[pōu]_Ripping

- 칼로 재료의 절단과 재료의 표면을 제거하는 방법.
- 혹은 칼로 재료의 중심부에서 반으로 절단하는 동작이다.

 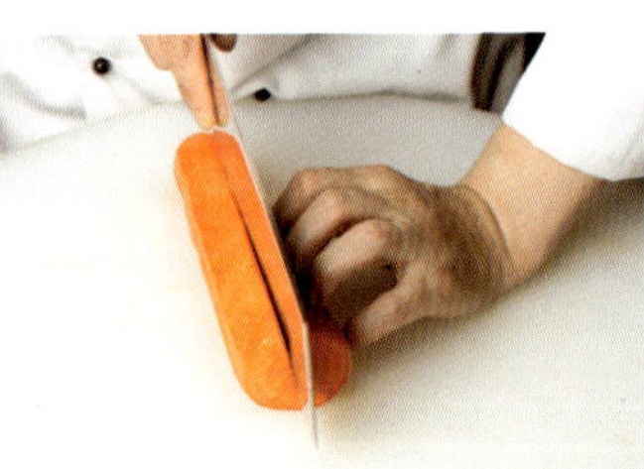 

(8) 타 剁[duò]_Chopping

- 칼로 재료를 곱게 다지는 방법.

  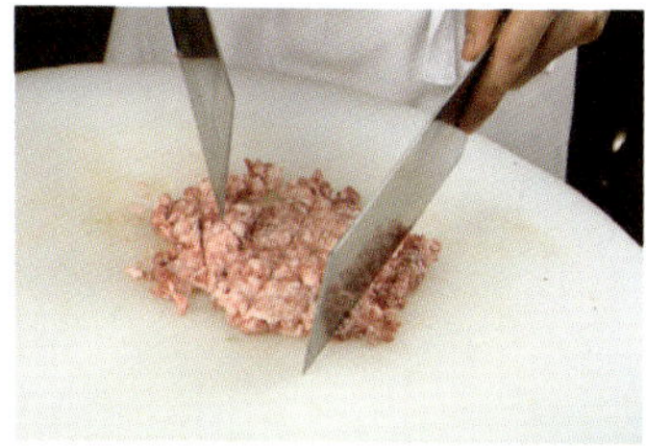

(9) 완 剜[wān]_Scooping

- 과일칼 또는 칼로 둥글게 돌려서 깎고, 그 안에 속 재료를 담는 방법.

(10) 추 捶[chuí]_Fine Mashing

- 칼등으로 재료를 곱게 다지는 방법.
- 잡(砸, zá)이라고도 하는데 재료를 방아 찧듯이 찧는다는 의미이다.

(11) 배 排[pái]_ Pounding

- 칼날 끝의 앞, 뒤 부분과 칼날의 앞면과 뒷면으로 재료를 여러 번 찧어서 재료의 섬유질과 질긴
  부분을 연하게 만들어 재료를 넓게 펴주는 방법.

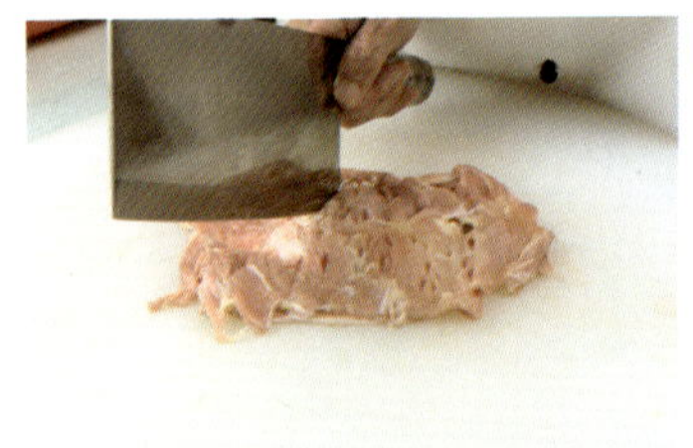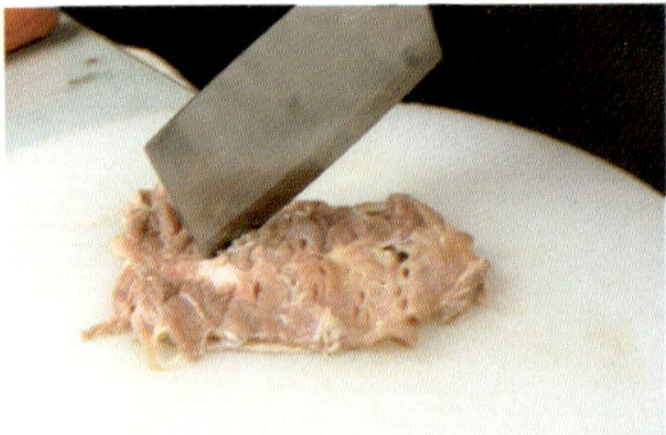

(12) 조 雕[diāo]_ Carving

- 재료를 조각칼로 여러 모양으로 조작하는 방법

(13) 괄 刮[guā]_ Scraping

- 재료의 겉피(껍질)를 칼로 긁어내는 방법

(14) 활 割[gē]_Severing

- 뼈 없는 큰 살코기 덩어리를 칼로 분리하는 방법.

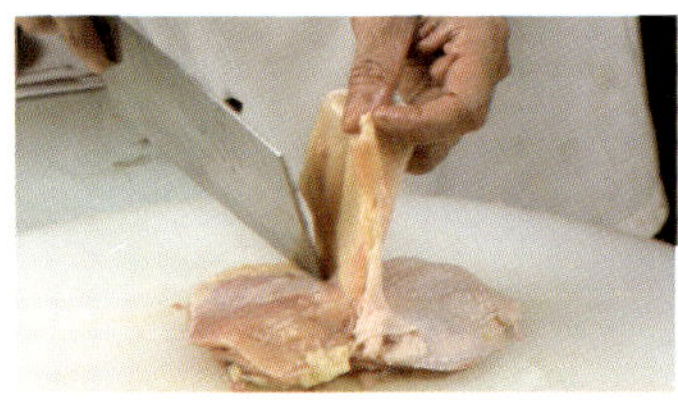 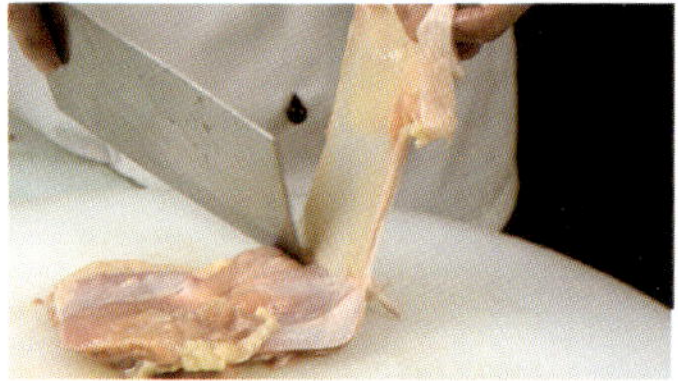 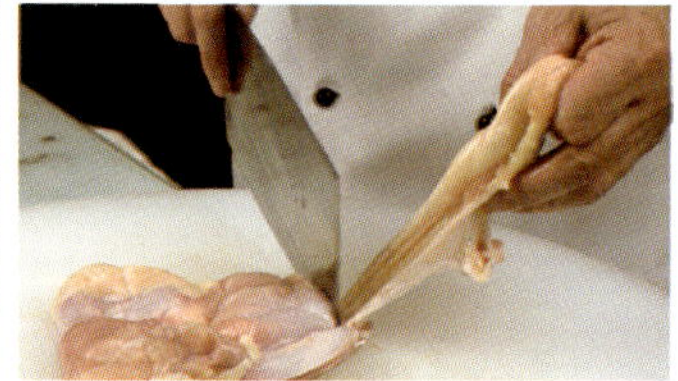

(15) 감 砍[kǎn]_Chopping

- 벽(劈, pī)이라고도 하며, 단단한 재료를 두 쪽 또는 여러 쪽을 내는 방법.

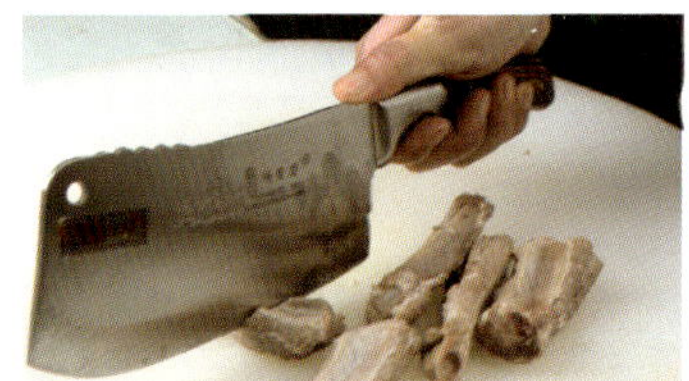 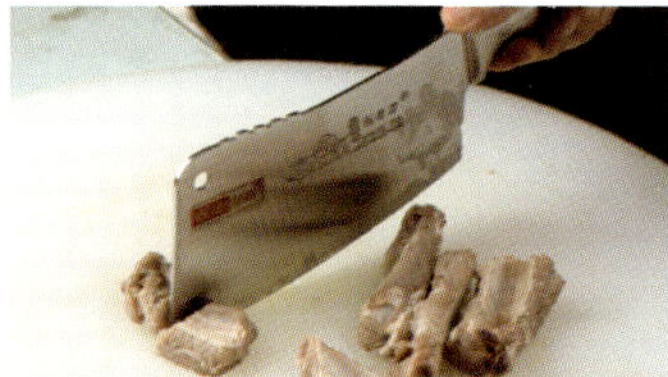 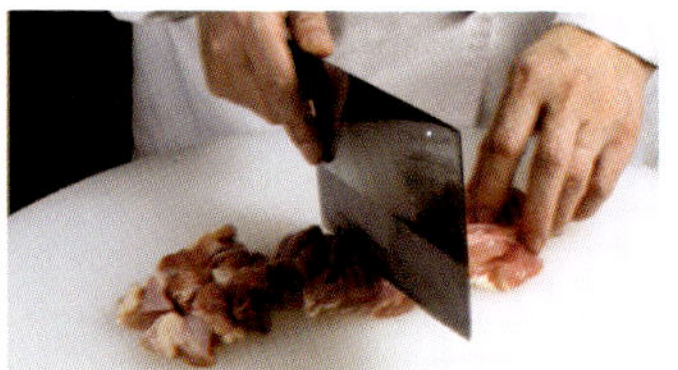

찍어서 끊어 썰기
直斬[zhí zhǎn]

(16) 선 旋[xuán]_Circular peeling

- 削[xuē] 방법과 비슷하며 둥근 모양의 과일(사과, 배)을 칼로 돌려서 깎아, 껍질모양이 길게 꼬이는 현상을 비유한 방법.

(17) 기타

- 척(剔, tī): 뼈를 발라내는(제거하는) 방법.
- 과(刮, guā): 재료의 살과 뼈를 분리하는 방법.
- 효 (撬, qiào): 단단한 어패류의 안쪽으로 칼끝을 깊숙이 넣어 열리게 하는 방법 등.

(1) 건재료 및 기타

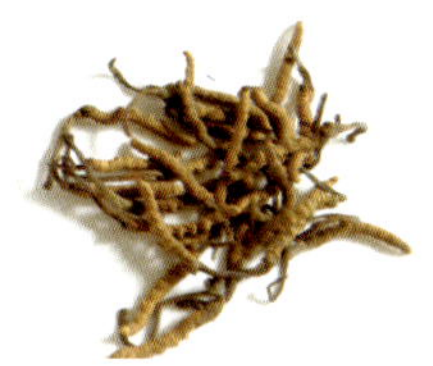

동충하초
冬蟲草 [dōng chóng cǎo]

제비집
燕窩 [yàn wō]

죽생
竹笙 [zhú shēng]

건해삼
海參 [hǎi shēn]

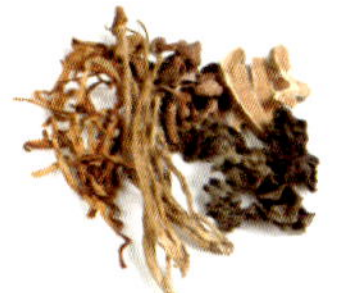

마구
蘑菇 [mó gū]

은이버섯
銀耳 [yín ěr]

당면
粉條 [fěn tiáo]

녹두당면
粉絲 [fěn sī]

발채
髮菜 [fà cài]

건패주
干貝 [gān bèi]

건새우살
蝦米 [xiā mǐ]

한천
琼脂 [qióng zhī]

서미로
西米露 [xī mǐ lù]

누룽지
鍋粑 [guō bā]

케슈넛
腰果 [yāo guǒ]

은행
百果 [bó guǒ]

양장피
粉皮 [fěn pí]

메추리알
鵪鶉蛋 [ān chún dàn]

샥스핀냉동
魚翅 [yú chì]

오리알
鴨蛋 [yā dàn]

건표고버섯
茭菇 [dōng gū]

건상어 지느러미
排翅 [pái chì]

원숭이머리버섯
猴頭菌 [hóu tóu jūn]

미역
裙帶菜 [qún dài cài]

(2) 해선류(海鮮類) 및 기타

가리비
鮮貝 [xiān bèi]

전복
鮑魚 [bào yú]

오징어
墨魚 [mò yú]

패주
干貝 [gān bèi]

조개
蛤蜊 [gé lí]

굴
海蜊 [hǎi lí]

불린 해삼
海參 [hǎi shēn]

게집게살
蟹手 [xiè shǒu]

크랩다리살
蟹箝 [xiè qián]

홍합
紅蛤 [hóng gé]

생선살
鮮魚 [xiān yú]

새우살
小蝦 [xiǎo xiā]

중새우
中蝦 [zhōng xiā]

대하
大蝦 [da xiā]

꽃게
白蟹 [bái xiè]

게살
蟹肉 [xiè ròu]

우럭
鮶魚 [jūn yú]

소라살
海螺 [hǎi luó]

오골계
烏骨鷄 [wū gù jī]

오리
鴨子 [yā zǐ]

(3) 채소 및 기타

고수
香菜 [xiāng cài]

당근
胡蘿貝 [hú luó bèi]

홍고추
紅辣椒 [hóng là jiāo]

청고추
靑辣椒 [qīng là jiāo]

대파

大葱 [dà cōng]

표고버섯

鮮菇 [xiān gū]

죽순

竹筍 [zhú xún]

양송이버섯

洋松茸 [yáng sōng rǒng]

오이

黃瓜 [huáng guā]

자연 송이버섯

松茸 [sōng rǒng]

아스파라거스

蘆筍 [lu xǔn]

청경채

青菜 [qīng cài]

청홍피망

青椒 [qīng jiāo]

호박

方瓜 [fāng guā]

부추

韭菜 [jiǔ cài]

양파

洋葱 [yáng cōng]

감자

土豆 [tǔ dòu]

고구마

地瓜 [dì guā]

생강

生薑 [shēng jiāng]

마늘

蒜頭 [suàn tóu]

셀러리

芹菜 [qín cài]

브로콜리

西蘭花 [xī lán huā]

배추

白菜 [bái cài]

목이버섯

木耳 [mù ěr]

완두콩

豌豆 [wān dòu]

물밤

馬蹄 [mǎ dì]

초고버섯

草菇 [cǎo gū]

양상추

洋生菜 [yáng shēng cài]

무

蘿貝 [luó bèi]

두부

豆腐 [dòu fǔ]

가지

茄子 [qié zǐ]

단호박

南瓜 [nán guā]

(4) 과일

파인애플

波羅 [bō luó]

오렌지

橙子 [chéng zǐ]

수박

西瓜 [xī guā]

방울토마토

小蕃茄 [xiǎo fān qié]

키위

弥猴桃 [mí hóu táo]

레몬

檸檬 [níng méng]

사과

苹果 [píng guǒ]

포도

葡萄 [pú táo]

바나나
香蕉 [xiāng jiāo]

토마토
蕃茄 [fān qié]

배
梨 [lí]

딸기
草莓 [cǎo mèi]

(5) 소스류

굴소스
蠔油 [háo yóu]

로추
老抽 [lǎo chōu]

간장
醬油 [jiàng yóu]

두반장
豆瓣醬 [dòu bàn jiàng]

해선장
海鮮醬 [hǎi xiān jiàng]

X.O장
X.O醬 [X.Ojiàng]

검은콩장
豆豉醬 [dòu chǐ jiàng]

청주(조리술)
料酒 [liào jiǔ]

홍식초
紅醋 [hóng cù]

백식초
白醋 [bái cù]

토마토케찹
蕃茄醬 [fān qié jiàng]

면장
甛麵醬 [tián miàn jiàng]

땅콩장

花生醬 [huā shēng jiàng]

소흥주

紹興酒 [shào xìng jiǔ]

치킨파우더

鷄粉 [jī fěn]

바베큐소스

叉燒醬 [chā shāo jiàng]

(6) 향신료

구기자

枸杞子 [gōu qǐ zǐ]

대추

棗 [zǎo]

산초

花椒 [huā jiāo]

팔각

八角 [bā jiǎo]

정향

丁香 [dīng xiāng]

레몬잎

檸檬葉 [níng méng yè]

흑후추

黑胡椒 [hēi hú jiāo]

건고추

干辣椒 [gān là jiāo]

백후추

白胡椒 [bái hú jiāo]

고춧가루

辣椒粉 [là jiāo fěn]

계피

桂皮 [guì pí]

배두관

白豆蔻 [bái dòu guān]

황기
黃芪 [huáng qí]

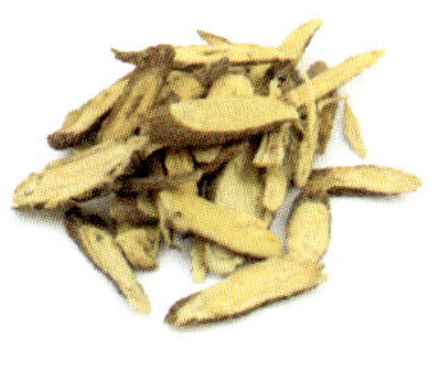

소희향
小茴香 [xiǎo huí xiāng]

감초
甘草 [gān cǎo]

계지
桂枝 [guì qí]

/참/고/문/헌/

- 全國烹飲專業系列教材 中國名菜名点 (旅遊教育出版社) 2004年11月. 著者: 周曉燕
- 中華廚藝 京魯菜 (萬里機構 飮食天地出版社)2007年10月. 著者: 中華廚藝學院
- 中國淮揚菜 (江蘇科學技術出版社) 2001年1月. 著者: 王作生
- わかりやすい 中國料理 (株式會社 柴田書店) 2002年10月 著者: 松本秀夫
- 中國美食大師2 (浙江科學技術出版社) 2002年5月. 著者: 丁章華
- 廣東風味家常菜(靑島出版社)2003年8月 著者: 陳緒榮
- 최신中國料理 (효일 출판사)2003年8月 著者: 崔松山
- 中國名料理 (효일 출판사)2009年2月. 著者: 崔松山
- 프로를 위한중국요리 (효일 출판사)2010年2月. 著者: 崔松山
- 중국 4대지방요리 (효일 출판사)2012年8月. 著者: 崔松山
- 기초중국요리 (효일 출판사)2016年8月. 著者: 崔松山

샤스핀 (상어 지느러미) 전처리 과정

1. 고급 중국요리에서 많이 사용하는 냉동 샤스핀이다. [그림 1]

2. 전처리 후 말려서 수입한 상품(上品)인 샤스핀이다. [그림 2]
  * 말린 샤스핀은 전처리 과정이 비교적 복잡함으로 간편하게 사용할 수 있는 냉동 샤스핀에 대해 설명한다.

3. 냉동 샤스핀의 양쪽 사이 부분을 잘라서 두툼한 부위는 잘라주고 끓는 물에 한번 데쳐서 깊은 팬에 담아놓는다. [그림 3~4]
  * 일반 슬라이스(채)로 판매하는 제품 포함

4. 팬에 담아놓은 샤스핀에 파와 생강을 저며서 넣는다. [그림 5]

5. 육수를 끓여서 소금간과 고량주를 넣어 다시 끓여 파기름을 넣고, 찜통에 담아놓은 샤스핀에 붓는다. [그림 6]
  * 비율: 육수 3컵, 소금 2큰술, 고량주 또는 술 2큰술

6. 샤스핀(냉동) 종류에 따라 찜통에서 30분 또는 2~3시간 찐다. [그림 7]

7. 잘 쪄낸 샤스핀은 파와 생강을 건지고, 요리 종류에 따라 사용한다. [그림 8] * 전처리 후 식혀서 냉동 보관한다.

파기름 만들기

cōng yóu
葱油

1. 대파는 2등분으로 썰고, 생강은 크게 저며서 썰고, 양파는 껍질을 제거해서 준비한다. [재료]

   * 대파는 푸른 잎 부분만 사용해도 된다.

2. 먼저 팬에 식용유를 담고 준비한 채소를 넣고 불을 켜고, 채소가 노릇하게 튀겨지면 불을 끈다. [그림 1~3]

3. 식용유가 식으면 채소를 건져서 버리고 용기에 담아서 사용한다. [그림 4~6]

   * 파 튀긴 향이 식용유에 배서 색상이 약간 진하게 변한다.

재료 ·대파 3개 ·양파 ½개 ·생강 1쪽 ·식용유 1ℓ

해삼 불리는 방법

fā shēn

潑參

1. 건해삼 불리기 전 상태. [그림 1]

2. 건해삼을 하루 정도 깨끗한 물에 담갔다가, 다음날 끓는 물에 삶아서 식으면 다시 깨끗한 물로 갈아서 놓는다. [그림 2~3]
   * 과정이 2일째 되는 사진이다.

3. 두 배 정도 불면 가위로 안쪽을 잘라서 다시 깨끗한 물에 끓인다. [그림 4]

4. 다음날 해삼 내장을 깨끗이 제거하고, 굵은 소금으로 비벼서 깨끗이 씻고 다시 끓인다. [그림 5~8]

5. 다음날 약간 혼탁해진 물을 갈고, 끓이는 과정을 2~3일 정도 반복하면 해삼이 완전히 불려진다.

6. 전처리 과정 전·후 비교 상태. [그림 9~10]
   * 깨끗한 물로 몇 회 바꿔서 잘 불린 해삼을 골라서 사용하고 냉동 보관해도 된다.

원탕

yuán tāng

原湯

1. 닭고기 살을 다지고, 쇠고기 살도 잘 다져서 준비한다. [그림 1]

2. 육수 통에 6ℓ 정도의 물을 붓고, 깨끗이 씻은 닭과 소 사골을 넣어 생강, 대파와 함께 센 불에서 끓인다. [그림 2]

3. 1시간 정도 끓인 뒤, 불을 약하게 하여 거품을 걷고 파를 건진다. [그림 3]

4. 닭고기 다짐 육과 소고기 다짐 육을 순서대로 넣는다. [그림 4~5]

5. 중불에 30분 정도 끓인 뒤, 다시 거품을 거둔다. [그림 6~7]

6. 조리망으로 다짐 육을 건져서 평평하게 누른(납작하게 만들어) 후, 다시 탕 안에 넣고 중불에서 끓인다. [그림 8~10]

7. 중불에서 1시간 정도 천천히 끓이면 탕에서 나오는 잡물이 다짐 고기에 달라붙어서 맑고 구수한 육수로 사용할 수 있다. 여기에 산초를 5g 정도 첨가해서 끓이면 잡냄새도 없어진다. [그림 11~12]

* 원탕(原湯)은 로탕(老湯)이라고도 하며, 중국요리에서 전통적으로 내려오는 육수 뽑는 방식이다.

재료 ·닭(닭뼈) 1마리 ·소 사골 1kg ·닭고기(다짐육) 500g ·소고기(다짐육) 500g ·대파 5개 ·생강 3쪽 ·산초 5g

닭 뼈
제거 과정

tī　jī

剔鷄

1. 먼저 닭의 양쪽 다리 사이에 칼집을 내고, 왼쪽다리 등 부위의 연골 뼈에 칼을 대고 다리를 당겨서 다리부위를 완전히 분리시킨다. [그림 1~3]

2. 닭가슴살은 한손으로 날개를 잡고 날개와 목 사이의 뼈에 칼집을 내고, 다시 칼을 뼈에 대고 당기면 가슴살이 쉽게 분리된다. [그림 4~6]

3. 다리 밑에서 위까지 칼끝으로 뼈 사이에 칼집을 깊게 내고, 중간 뼈 사이를 절단한다. [그림 7~8]

4. 칼등으로 끝부분의 뼈를 쳐서 절단한다. [그림 9]

5. 한손으로 다리 끝부분을 잡고 칼로 중간과 윗부분의 뼈를 제거한 뒤, 마지막으로 끝부분에 붙은 뼈를 절단한다. [그림 10~12]

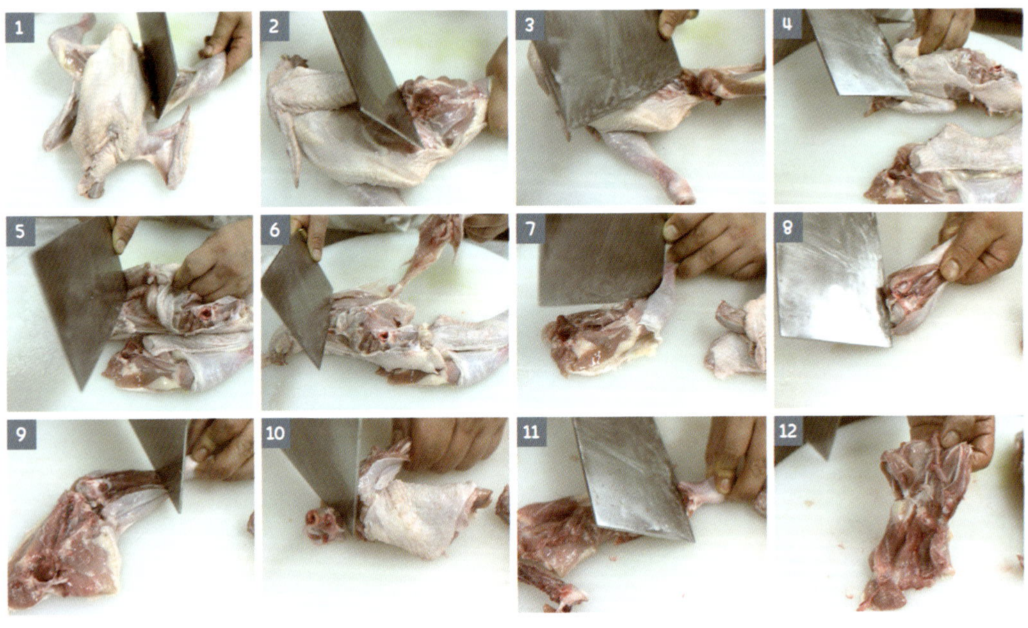

10. 중국의 차와 딤섬

1 중국의 차(中國茶)

　중국은 '국음(國飮)'이라 부를 정도로 차의 고향이자 원산지이다. 예로 제왕(帝王)부터 백성까지 모두 차를 음미하는 즐거움으로 생활해왔다. 차의 역사를 돌이켜보면 신농씨(神農氏)부터 지금까지 수 천 년의 세월이 흘러왔다. 현재 중국의 차 문화는 일상생활에 없어서는 안 될 일부분이 됐을 정도로 중요하다. 지금은 언제, 어디서나 간편하게 사먹을 수 있지만, 우리는 차에 대한 역사와 문화를 알고 있어야 한다.

　중국 최초의 다예관(茶藝館)은 여러 사람들이 모여서 차를 즐기는 장소로 사용하였다. 하지만 각 지방의 문화적 배경이 서로 다른 이유로 특색있는 다예관이 많이 생기기 시작하였다. 지금도 다예관에서는 중국 사람들의 전통문화와 생활을 볼 수 있다.

(1) 다예관(茶藝館)의 종류

① 정원식 다예관(庭園式 茶藝館): 정원에 작은 정자가 있고 난간 아래에 연못과 흐르는 물이 있는 조용한 안식처를 말한다.
② 청당식 다예관(厅堂式 茶藝館): 내부 장식에 고전적인 고가구와 명인이 그린 그림, 그리고 골동품을 배치하여 옛날 감상을 줄 수 있는 장소를 말한다.
③ 향토식 다예관(鄉土式 茶藝館): 대부분 시골 농업사회의 배경과 기구를 장식하여 향토적인 감각을 줄 수 있는 장소를 말한다.
④ 당나라식 다예관(唐式 茶藝館): 일본의 화식 다예관과 유사한 시설을 갖춘 곳으로, 밀어당기는 문과 일본식 다다미방같이 바닥에 앉아서 차를 즐기는 동양적인 장소를 말한다.
⑤ 종합식 다예관(綜合式 茶藝館): 서양식의 실내 인테리어와 동양풍을 갖춘 가구를 장식하여 젊은 사람들이 많이 찾은 장소를 말한다.

차를 꼭 뜨겁게 해서 마시라는 법은 없다. 냉차(冷茶)를 마시는 방법도 우리가 건강을 지키기 위한 한 가지 방법이다. 냉차를 마시는 것은 새로운 관념이 아니다. 차를 마실 줄 아는 사람들은 녹차(綠茶)를 '포냉차(泡冷茶)'라고 하여 차게 먹는 다는 것을 알고 있었다.

차를 찬물에 넣고 냉장고에 4~8시간 보관하여 마시면 차의 감미로운 맛을 더 느낄 수 있다. 찻잎에서 우러나는 단맛의 아미노산이 찬물에서는 먼저 축출되고, 찻잎에 남아있는 카페인은 찬물에서는 빨리 축출이 안 되기 때문이다. 카페인은 80℃이상에서 대량으로 축출되어 위산 분비를 자극하고 신체 리듬을 잊게 한다고 하니, 녹차는 차갑게 마시는 것이 건강에 좋다.

(2) 중국차의 품종(中國茶 品種)

중국은 차의 재배와 생산에 오랜 경험과 기술을 갖고 있어서 지역별로 많은 품종의 차나무를 보유하고 있다. 차엽(茶葉)의 가공방법에 따라 녹차, 홍차, 오룡차, 백차, 황차, 흑차 등 6종류로 분류하고, 여기서 다시 가공하여 각종 꽃을 넣어 화차를 만든다. 그 외 중국의 소수민족들이 민족적인 풍토로 즐기는 차도 많고, 한국 사람들이 즐겨 마시는 보리차와 열을 식히고 해독작용을 하는 고정차(苦丁茶)도 있다.

① 녹차(綠茶, lù chá): 불 발효차(不醱酵茶) 발효도 0%

녹차는 2천 년 역사를 갖는 차다. 중국은 녹차의 최대 생산지이며 절강(浙江), 안휘(安徽), 강서(江西)에서 생산량이 가장 높고, 품질 또한 제일 좋다. 녹차는 불 발효차로 '청탕녹엽(淸湯綠葉)'을 중요시한다. 차가 맑으면서 찻잎이 푸른빛을 띠는 것을 말한다. 유명한 녹차로 서호(西湖)의 용정차(龍井茶), 동정(동정)의 벽라춘(碧螺春), 황산(黃山)의 모첨차(毛尖茶) 등이 있다.

② 백차(白茶, bái chá): 경미 발효차(輕微醱酵茶) 발효도 약 10%

백차는 아주 경미한 발효 과정을 거쳐서 만든 차로, 중국의 차 중에서는 특수한 진품(珍品)으로 여긴다. 주요생산지는 복건성(福建省)의 일부지역이다. 백차에는 주로 찻잎 묘순을 사용하여 제조 과정이 거쳐지면 흰 눈과 비슷한 은색을 띠어서 백차라는 이름을 붙였다 한다.

③ 황차(黃茶, huáng chá): 경미 발효차(輕微醱酵茶) 발효도 약 20%

황차의 제조 방법은 녹차의 제조와 대부분 비슷하다. 단, 녹차 제조 과정보다 '문차(悶茶)'라는 1단계 과정을 더 거쳐 발효차(醱酵茶)에 속한다. 황차는 찻잎이 황색을 띠고 우러나오는 찻물 또한 진한 황색이어서 '황탕황엽(黃湯黃葉)'이라 하고 품질을 제일 중요시한다.

④ 청차(靑茶, qīng chá): 중 발효차(中醱酵茶) 발효도 약 40~70%

오룡차(烏龍茶, wū lóng chá)라고도 하며, 반 발효차(半發酵茶)이기도 하다. 중국에 많은 차종에서 특색이 있는 선명한 차의 일종이다. '자치(茶痴)'라고 하여, 한번 맛보면 그 향을 잊지 못한다는 뜻이 담겼다. 복건성(福建省), 광동성(廣東省), 대만성(臺灣省) 등이 주생산지이고, 제일 좋은 명차는 안계(安溪)의 관음차(觀音茶), 대홍포차(大紅袍茶), 육계차(肉桂茶), 봉황수선차(鳳凰水仙茶), 동정오용차(凍頂烏龍茶) 등이 꼽힌다.

⑤ 홍차(紅茶, hóng chá): 전 발효차(全醱酵茶) 발효도 약 70~90%

　홍차는 발효차(發酵茶)에 속한다. 차나무의 새순 잎을 채취하여 원료로 사용한다. 홍차는 채취 → 말리기 → 비비기 → 발효 → 다시 건조하기와 같이 여러 단계의 과정을 거쳐서 정밀하게 만든다. 홍차의 유래는 옛날 봉지로 담긴 차를 찻잔에 넣었을 때, 붉은색을 띠어 홍차라 불렸다고 전해진다. 유명한 홍차로는 공부홍차(工夫紅茶), 소종홍차(小種紅茶)와 홍쇄차(紅碎茶)가 있다.

⑥ 흑차(黑茶, hēi chá): 후 발효차(後醱酵茶) 발효도 약 70~90%

　차의 색상이 검은 색을 띠어서 생긴 이름이다. 흑차는 후 발효차(後發酵茶, 마지막 단계에 발효하는 차)에 속한다. 중국에서는 가장 오래된 녹차의 모차(毛茶)를 쪄서 다시 눌러 만든 차로, 차의 대명사다. 흑차의 주요 생산지는 호남(湖南), 호북(湖北), 사천(四川), 운남(雲南), 광서(廣西) 등지이며, 유명한 차로 호남의 흑차, 운남의 보이차(普洱茶) 등이 있다.

⑦ 혼합차(混合茶, hún he chá)

　녹차, 청차, 홍차의 찻잎을 다시 가공하여, 각종 꽃을 넣고 제조한 화차(花茶)와 과실차(果茶)를 말한다. 화차로 매혹적인 자스민차(茉莉花茶), 은은한 향의 국화차(菊花茶) 등이 있다.

/참/고/문/헌/

- 一盅兩件 (飮食天地出版社) 編者: 黃健欽
- 中食点心大全 (汕头大學出版社) 編者: 新鳳凰工作室
- 炒飯·烩飯 (汕头大學出版社) 編者: 高鋼輝
- 鹵味大全 (汕头大學出版社) 編者: 胡開祥 張立琼

❷ 중국요리의 찬과 띔섬(中國菜肴)

(1) 소흘 (小吃, xiǎo chī)

소흘이란 소식(小食)을 한다는 뜻으로, 띔섬(点心)의 내용과 비슷하나 실직적으로 술안주와 면류(麵類) 혹은 볶음밥(炒飯)과 탕(湯) 등을 포함한다.

(2) 소채 (小菜, xiǎo cài)

소채는 음식을 작은 접시에 담아내는 간단한 요리의 일종으로, 식사 시 간단하게 내는 반찬류를 말한다(예: 김치, 장조림, 오이무침, 짜사이, 땅콩 등).

<table>
<tr><td>짜사이(榨菜)</td><td>오이피클(酸辣黃瓜)</td><td>땅콩(花生)</td></tr>
<tr><td>바지락볶음(炒蛤蜊)</td><td>돼지족냉채(猪蹄)</td><td>돼지간(猪肝)</td></tr>
</table>

중국 소시지(香腸)

(3) 띰섬(点心, diǎn xīn)

중국 당(唐)나라에서부터 내려온 속어(俗語)로, 사람의 마음 한곳에 작은 점(点)을 찍듯이 간단하게 먹는 간식류를 뜻한다. 띰섬은 궁중(宮中)에서부터 발달하여 전해졌으며, 그 종류도 다양하여 짠띰섬(鹹点心), 단띰섬(甛点心) 두 종류가 있다.

* 짠띰섬(鹹点心, xián diǎn xīn)은 만두류(餃子類), 춘권(春捲), 쇼마이(燒賣) 등이 있다.

* 단띰섬(甛点心, tián diǎn xīn)은 중국 과자(菓子)의 일종으로, 한 입에 먹을 수 있는 작은 모양에서 작게 잘라 먹는 큰 것까지 그 모양이 다양하다.

광동(廣東) 띰섬의 유래를 보면 차루(茶樓)와 얌차(飮茶)에서 시작되었다고 전해진다. 중국인들은 예로부터 모여서 차를 마시며 간단한 병과류(餠類)를 같이 곁들어 먹으면서 잡담하는 장소로부터 시작하여 지금에 와서는 그 종류와 모양에 많은 변화를 주게 되었다.

차루에서 발전한 띰섬은 음식의 유행에 따라 연구와 개발을 하였다. 짠띰섬과 단띰섬을 주일마다 바꿔서 손님에게 제공하여, 손님은 매주 색다른 신선한 띰섬을 맛볼 수 있었다. 또한 업소마다 경쟁적으로 다양다색(多樣多色)의 띰섬을 개발하여 오늘날 광동 띰섬의 명성을 얻고 있다.

광동지방의 띰섬은 2천여 종 이상으로 풍부하며, 그 모양과 색상도 다양하고 화려하다. 지속적인 발전으로 띰섬문화가 세계에 알려지면서 영어사전에 'dimsum'이라 등록되었다. 이것은 띰섬장원(点心壯元)이라는 명칭을 갖고 있는 라쿤사부(羅坤師傅)의 명성이 전 세계에 알려진 덕분이다.

새우교자(蝦餃)

수정쇼마이(水晶燒賣)

유빙(油餠)

부추합(韭菜盒)

꽃빵(花捲)

찹쌀떡(拔絲元宵)

2
최신
중식조리
기능사

해파리냉채

lěng bàn zhé pí

冷拌蜇皮

주재료

해파리 150g
오이(가늘고 곧은 것, 20cm)...
.... 1/2개

마늘소스

흰설탕 15g
소금(정제염) 7g
식초 .... 45㎖
마늘(중, 깐 것) 3쪽
참기름 .... 5㎖

1. 해파리는 묽은 소금을 제거하고 뜨거운 물에 살짝 데쳐서 흐르는 물에 담가 놓는다. [그림 1]

2. 30분 정도 물에 담가 놓으면 그림과 같이 손으로 만졌을 때 부드럽게 느껴진다. [그림 2]

3. 오이는 칼로 껍질을 조금씩 깎아내고 깨끗이 씻어 곱게 채로 썰어서 준비하고 마늘은 곱게 다진다. [그림 3]

4. 해파리를 건져서 물기를 짠 뒤 오이채와 함께 잘 섞어 버무려 접시에 올려 담는다. [그림 4]

5. 차갑게 만든 마늘소스를 해파리 위에 골고루 끼얹는다. [그림 5]

🍶 마늘소스 만들기

육수에 흰설탕, 소금, 식초를 순서대로 넣어 간을 맞추고 여기에 다진 마늘과 참기름을 넣어 마늘소스를 만든다.

오징어냉채 léng bàn mò yú 冷拌墨魚

주재료

갑오징어살(오징어 대체가능) ..
.... 100g
오이(가늘고 곧은 것, 20cm)...
.... 1/3개

겨자소스

겨자 20g
흰설탕 15g
식초 .... 30㎖
소금(정제염) 2g
참기름 .... 5㎖

1. 오징어살은 안쪽으로 가로 0.2㎝ 간격으로 잔 칼집을 넣고, 칼집을 넣은 반대쪽으로 다시 세로 0.5㎝의 간격으로 어슷하게 칼집을 내어 길이 3~4㎝ 정도로 썬다. [그림 1~2]

2. 오이는 껍질을 살짝 깎아내고 깨끗이 씻어서 반으로 잘라서 얇게 3㎝ 정도 편으로 썬다. [그림 3~4]

3. 썰어 놓은 오징어살은 끓은 물에 살짝 데쳐서 찬물에 식힌 다음 물기를 빼고 오이와 보기 좋게 섞어서 완성접시에 담고 겨자소스를 만들어 약간 뿌리고 소스 볼에 겨자소스를 담아낸다. [그림 5~7]

🍶 겨자소스 만들기

작은 볼에 겨자를 넣고 따뜻한 물에 개어서 밀봉하여 15분 정도 발효시킨 후 다시 식초와 흰설탕, 소금을 넣어 걸쭉하게 풀어준 뒤 참기름을 넣는다. [그림 1~4]

달걀탕 蛋花湯

dàn huā tāng

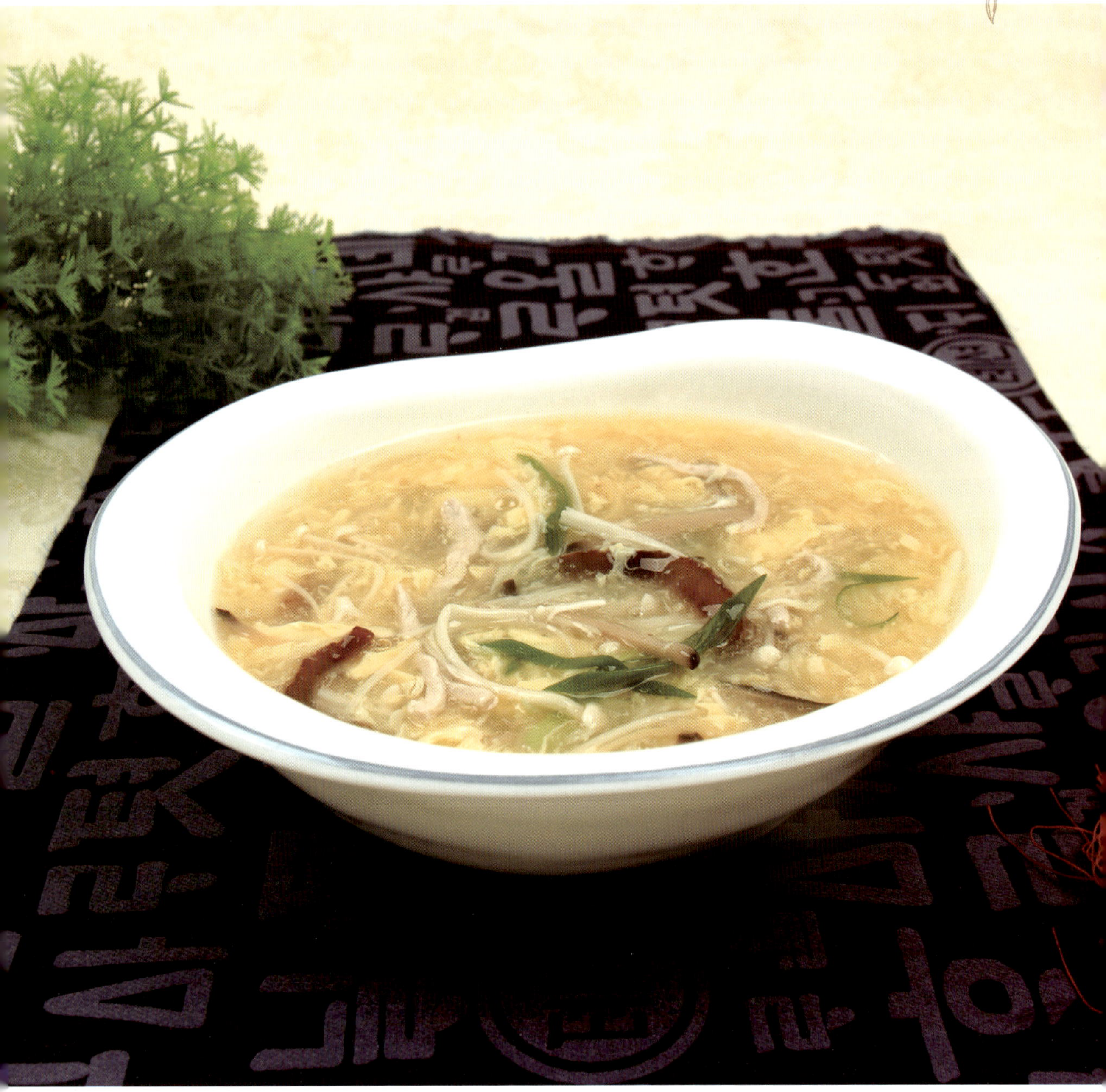

주재료

건해삼(불린 것)	20g
돼지등심(살코기)	10g
달걀	1개

부재료

건표고버섯(지름 5cm 정도, 물에 불린 것)	1개
죽순(whole, 통조림, 고형분)......................................	20g
팽이버섯	10g
대파(흰 부분, 6cm 정도)1토막	

조미료

진간장	15㎖
소금(정제염)	4g
흰후춧가루	2g
참기름	5㎖
녹말가루(감자전분)	15g

1. 불린 해삼은 길쭉하게 곱게 채 썰고 돼지고기도 가는 채로 썰어 놓는다. 채소도 가는 채로 썰어서 준비한다(달걀은 그릇에 잘 풀어놓는다). [그림 1~2]

2. 먼저 팬에 물을 붓고, 끓으면 파, 팽이버섯을 제외한 재료를 끓는 물에 데쳐준 뒤 팬에 육수를 붓고 간장과 파를 넣어 데쳐낸 재료와 팽이버섯을 넣고 끓인다. [그림 3]

3. 탕이 끓어오르면 거품을 걷어내고 소금, 후춧가루로 간을 한 뒤 녹말물을 넣고 달걀을 부드럽게 풀어 참기름을 두르고 그릇에 담아낸다. [그림 4~5]

새우완자탕

蝦仁丸湯

주재료

작은새우살 100g

부재료

청경채 1포기
죽순(whole, 통조림, 고형분)...
.... 50g
양송이(whole, 큰 것) 1개
대파(흰 부분, 6cm 정도)1토막
달걀 1개
생강 5g

조미료

청주 .... 30㎖
소금 10g
진간장 .... 10㎖
검은 후춧가루 5g
참기름 .... 10㎖
녹말가루(감자전분) 30g

1. 새우살은 내장을 제거하고 물기를 제거한 뒤 곱게 다져서(으깨서) 놓고, 모든 채소는 편으로 썰어서 준비한다. [그림 1]

2. 곱게 다진 새우살에 달걀흰자와 녹말가루를 넣고 소금, 청주, 생강(다진 것)과 잘 치대어 준다. [그림 2]

3. 팬에 육수를 붓고 끓으면 불을 약하게 조절한 뒤 손으로 새우살을 2㎝ 정도의 완자로 둥글게 빚어 수저로 하나씩 떼어서 넣고 익으면 잡물을 제거한다. [그림 3~4]

4. 새우완자가 잘 익으면 여기에 썰어놓는 채소와 조미료를 넣어 다시 한 번 끓여준 뒤 참기름을 두르고 그릇에 담아낸다. [그림 5]

탕수육 táng cù ròu 糖醋肉

주재료

돼지등심(살코기) 200g

부재료

달걀 1개
대파(흰 부분, 6cm) 1토막
양파(중, 150g) 1/4개
당근 30g
오이(가늘고 곧은 것, 20cm)...
.... 1/4개
건목이버섯 1개
완두(통조림) 15g

조미료

식용유 .... 800㎖
진간장 .... 15㎖
청주 .... 15㎖
흰설탕 100g
식초 .... 50㎖
녹말가루(감자전분) 100g

1. 채소는 편으로 썰고, 목이버섯은 물에 불려서 먹기 좋은 크기로 뜯어 놓는다. [그림 1]

2. 돼지고기는 길이 4㎝×두께 1㎝ 정도의 길이로 썰고, 생강즙, 간장, 청주로 밑간을 해놓는다. [그림 2]

3. 밑간 해둔 돼지고기에 달걀과 된녹말을 넣어 반죽해서 튀김옷을 골고루 묻힌다. [그림 3]

4. 160℃의 식용유에 한 번 튀긴 뒤 다시 반복하여 튀겨 바삭하게 잘 튀겨 낸다. [그림 4]

5. 팬에 식용유를 두르고 뜨거워질 때 양파를 넣어 볶다가 간장, 청주로 향을 내고 채소를 같이 넣어 볶는다. 여기에 육수를 붓고, 설탕, 식초로 간을 낸 뒤 소스가 끓으면 녹말물을 넣고 잘 저어 걸쭉해지면 튀긴 고기를 넣고 버무려서 낸다. [그림 5]

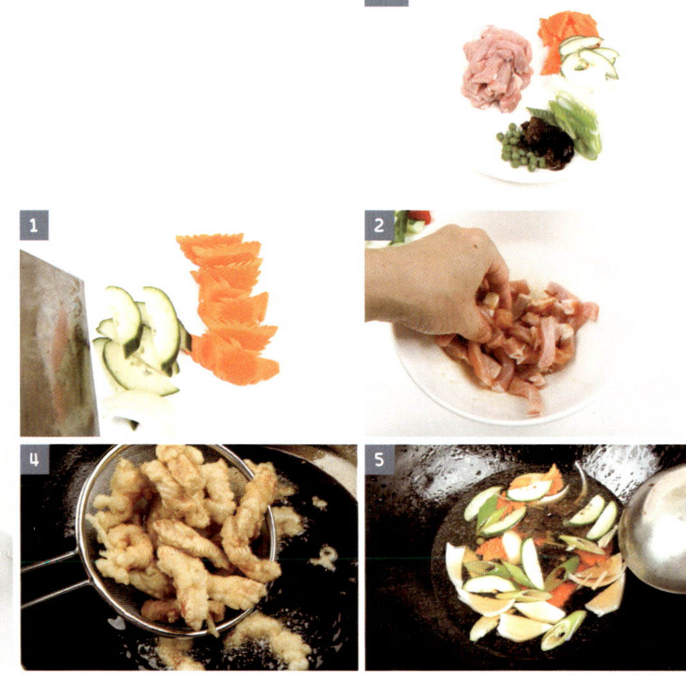

난자완스 nán jiān wán zi 南煎丸子

주재료

돼지등심(다진 살코기) ..200g

부재료

건표고버섯(지름 5cm, 물에 불
린 것) 2개
죽순(whole, 통조림, 고형분)...
.... 50g
청경채 1포기
대파(흰 부분, 6cm) 1토막
마늘(중, 깐 것) 2쪽
생강 5g
달걀 1개

조미료

진간장 .... 15㎖
청주 .... 20㎖
소금(정제염) 3g
검은 후춧가루 1g
녹말가루(감자전분) 50g
잠기름 .... 5㎖
식용유 .... 800㎖

1. 채소는 4㎝ 크기의 편으로, 대파는 3cm 크기로 썰고 마늘도 얇은 편으로, 생강은 곱게 다져서 놓는다. [그림 1]

2. 돼지고기는 곱게 다져서 간장, 청주를 넣어 밑간을 한 뒤 달걀, 녹말을 넣고 잘 치대어 반죽해 놓는다. [그림 2~3]

3. 양념해서 반죽한 고기는 4㎝ 크기의 완자로 빚어 납작한 모양으로 만들고 기름에서 갈색이 날 때까지 튀긴다. [그림 4~5]

4. 팬에 식용유를 두르고 뜨거워지면 대파와 생강, 마늘을 넣어 볶다가 간장, 청주로 향을 내고 채소를 넣어 볶아준다. 여기에 육수를 부어 끓으면 튀긴 완자를 넣고 중불에 약간 조린 뒤 녹말물을 넣어 완성한다. [그림 6~7]

짜춘권

炸春捲

주재료

작은 새우살(내장이 있는 것)..
.... 30g
달걀 2개
돼지등심(살코기) 50g
건해삼(불린 것) 20g

부재료

양파(중, 150g 정도) ... 1/4개
죽순(whole, 통조림, 고형분)...
.... 20g
건표고버섯(지름 5cm 정도, 물
에 불린 것) 1개
조선부추 30g
대파(흰 부분, 6cm 정도)1토막
생강 5g

조미료

검은 후춧가루 2g
진간장 .... 10㎖
청주 .... 20㎖
소금(정제염) 2g
밀가루(중력분) 20g
녹말가루(감자전분) 15g
참기름 .... 5㎖
식용유 .... 800㎖

1. 돼지고기, 해삼은 같은 굵기로 채 썰고 부추는 4㎝ 정도의 길이로 썰어 놓는다. [그림 1]

2. 달걀은 녹말물을 약간 넣고 소금 간하여 그릇에 넣고 거품 이 일지 않도록 잘 풀어서 원형으로 지단을 부친다.

3. 팬에 식용유를 두르고 뜨거워지면 양파 조금과 생강, 고기 를 넣어 볶다가 간장, 청주를 넣어 향을 내고 고기가 익으 면 표고버섯, 죽순, 해삼, 새우를 넣고 간을 한 다음 부추 를 넣어 접시에 담는다. [그림 2]

4. 밀가루는 물에 잘 개어 놓는다. [그림 3]

5. 달걀지단 바깥쪽으로 밀가루 갠 것을 고루 발라준 다음 속 재료를 길게 놓고 김밥 말듯이 둥글게 말아서 160℃의 식 용유에 살짝 튀겨낸다. [그림 4~5]

6. 튀겨낸 짜춘권은 3㎝ 정도의 길이로 썰어서 보기 좋게 접시 에 담는다. [그림 6]

마파두부

麻婆豆腐

주재료

두부	150g
돼지등심(다진 살코기)	50g

부재료

홍고추(생)	1/2개
대파(흰 부분, 6cm)	1토막
마늘(중, 깐 것)	2쪽
생강	5g

조미료

고춧가루	15g
두반장	10g
진간장	10㎖
흰설탕	5g
검은 후춧가루	5g
녹말가루(감자전분)	15g
참기름	5㎖
식용유	60㎖

1. 뜨거운 식용유에 고춧가루를 풀어 넣어 고추기름을 만들어 사용한다. [그림 1]

2. 두부는 1.5㎝ 정도 정방형으로 썰고, 대파와 홍고추, 마늘, 생강 등 채소는 모두 잘게 썰어 놓는다. [그림 2~3]

3. 두부는 먼저 끓는 물에 데쳐 놓는다. [그림 4]

4. 팬에 고추기름을 두르고 뜨거워지면 파, 생강, 마늘과 다진 돼지고기를 넣어 볶다가 간장, 두반장을 넣고 볶은 다음 육수와 후춧가루, 설탕을 넣고 끓인다. [그림 5~6]

5. 데쳐낸 두부를 육수에 넣어 끓이다가 녹말물을 풀어 걸쭉하게 농도를 맞춘 뒤 참기름을 넣어 섞어서 접시에 잘 담는다. [그림 7]

홍쇼두부

紅燒豆腐

주재료

두부 150g
돼지등심(살코기) 50g
달걀 1개

부재료

건표고버섯(지름 5cm, 물에 불
린 것) 1개
죽순(whole, 통조림, 고형분)...
.... 30g
청경채 1포기
홍고추(생) 1개
양송이(whole, 통조림, 큰 것)..
.... 1개
대파(흰 부분, 6cm) 1토막
마늘(중, 깐 것) 2쪽
생강 5g

조미료

식용유 .... 500㎖
진간장 .... 15㎖
청주 .... 5㎖
녹말가루(감자전분) 10g
참기름 .... 5㎖

1. 두부는 사방 5cm×두께 1cm 정도의 삼각모양으로 썰어놓고, 돼지고기는 납작하게 편으로 썰어 준비한다(채소도 편으로 썰고, 생강은 다져서 준비한다). [그림 1]

2. 편으로 썬 돼지고기는 간장, 청주로 밑간하여 달걀과 녹말가루로 잘 버무려 놓는다. [그림 2]

3. 삼각모양으로 썬 두부는 뜨거운 식용유에 노릇하게 튀겨주고, 밑간한 돼지고기도 튀겨낸다. [그림 3~4]

4. 팬에 식용유를 두르고 뜨거워지면 대파, 생강, 마늘을 넣어 향을 내고 채소를 넣어 볶은 후 육수를 붓고 양념 간을 한다. [그림 5]

5. 소스가 끓으면 튀겨낸 두부와 고기를 넣고 녹말물을 넣어 걸쭉하게 어울리면 참기름을 둘러 버무려 낸다. [그림 6~7]

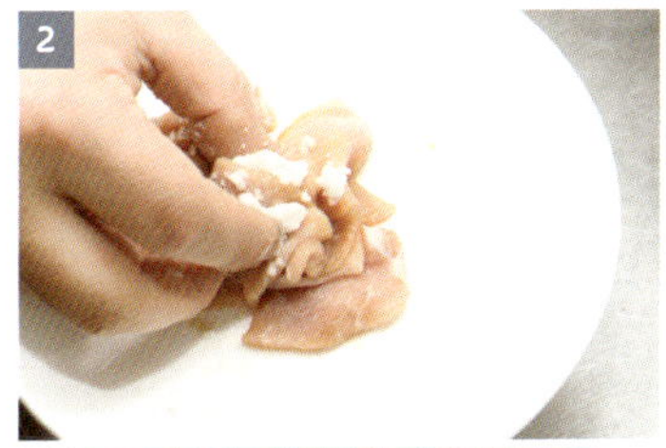

부추잡채

炒韭菜

주재료

부추(중국부추, 호부추)...120g
돼지등심(살코기) 50g

조미료

식용유 .... 100㎖
청주 .... 15㎖
소금(정제염) 5g
참기름 .... 5㎖
녹말가루(감자전분) 30g
달걀 1개

1. 부추는 깨끗이 씻어 6㎝ 정도의 길이로 자른다. [그림 1]

2. 돼지고기는 얇게 저민 후 결대로 길이 6㎝×두께 0.3㎝로 채 썰어 간장, 청주를 넣어 밑간을 한 다음 달걀, 녹말가루에 잘 버무린다. [그림 2]

3. 팬에 고기가 잠길 만큼의 식용유를 넣고 고기를 중불에서 익혀낸다. [그림 3]

4. 팬에 식용유를 두르고 뜨거워지면 부추의 흰 부분을 먼저 넣고 향이 나면 청주를 넣어 볶다가 나머지 푸른 부분을 넣고 볶는다. [그림 4]

5. 부추에 소금 간을 하고 여기에 익혀낸 고기를 넣어 참기름을 두르고 볶아낸다. [그림 5~6]

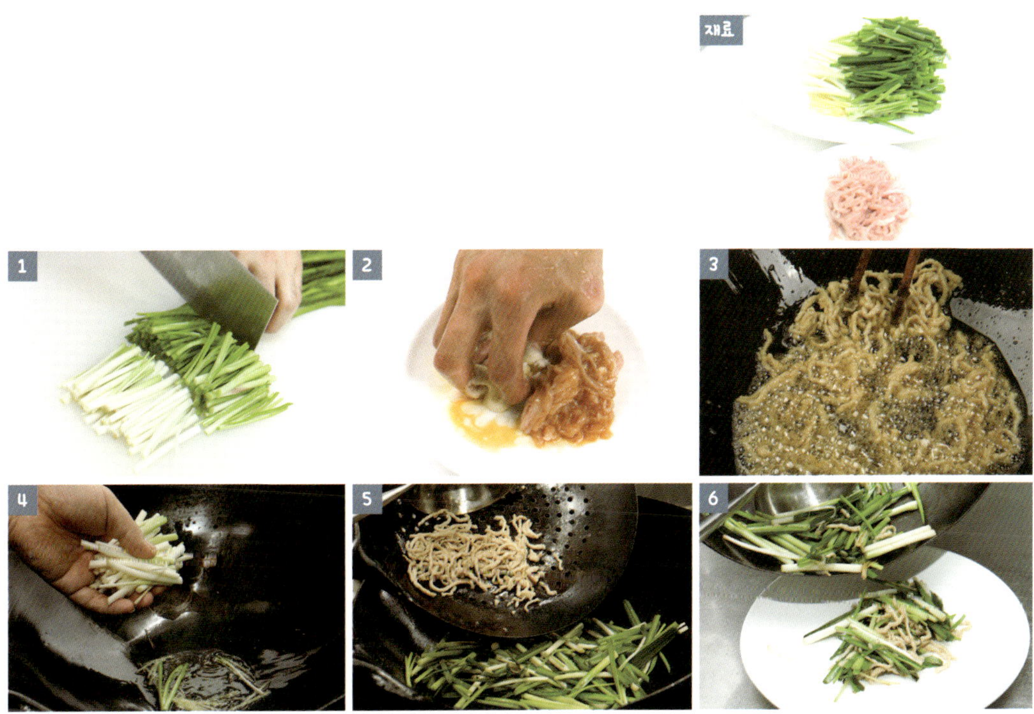

채소볶음 chǎo shū cài 炒蔬菜

주재료

건표고버섯(지름 5cm, 물에 불린 것) 2개
죽순(whole, 통조림, 고형분)... ....30g
당근(길이로 썰어서) 50g
셀러리 30g
청피망(중, 75g 정도)... 1/3개
청경채 1개
양송이(통조림, whole, 큰 것).. .... 2개

부재료

대파(흰 부분, 6cm) 1토막
생강 5g
마늘(중, 깐 것) 1쪽

조미료

식용유 .... 45㎖
진간장 .... 5㎖
청주 .... 5㎖
소금(정제염) 5g
참기름 .... 5㎖
흰후춧가루 2g
녹말가루(감자전분) 20g

1. 건표고버섯은 불리고, 대파, 마늘, 생강을 제외한 모든 채소는 4㎝ 정도의 편으로 썬다. [그림 1]

2. 대파는 4㎝ 길이로 굵게 썰고 마늘, 생강도 편으로 썰어 놓는다.

3. 대파, 마늘, 생강을 제외한 모든 채소를 끓는 물에 살짝 데쳐 놓는다. [그림 2]

4. 팬에 식용유를 두르고 뜨거워지면 대파와 생강, 마늘을 넣어 향이 나면 간장(약간), 청주를 넣어 볶다가 데쳐 낸 채소를 넣어 볶는다. [그림 3~4]

5. 볶은 채소에 육수를 부어 소금, 후춧가루로 간을 한 뒤 녹말물로 농도를 맞추고 참기름을 넣어 살짝 버무려 낸다. [그림 5]

탕수생선살

糖醋魚塊

주재료

흰 생선살(껍질 벗긴 것, 동태
또는 대구) 150g

부재료

당근 30g
오이(가늘고 곧은 것, 20cm)...
.... 1/6개
건목이버섯 1개
완두콩 20g
파인애플(통조림) 1쪽
달걀 1개

조미료

식용유 .... 600㎖
진간장 .... 30㎖
흰설탕 100g
식초 .... 60㎖
녹말가루(감자전분) 100g

1. 흰 생선살은 길이 4㎝×두께 1㎝ 정도의 길이로 썰고, 당근, 양파, 오이는 편으로 썰기하고, 목이버섯은 물에 불려서 먹기 좋은 크기로 뜯어 놓는다(파인애플은 4등분해서 준비한다). [그림 1]

2. 흰 생선살에 달걀과 된녹말을 넣어 반죽해 튀김옷을 골고루 묻혀서 식용유에 2~3회 정도 튀긴다. [그림 2~3]

3. 팬에 식용유를 넣어 뜨거워질 때 간장으로 향을 내어 채소를 같이 넣어 볶다가, 여기에 육수(또는 물), 설탕, 식초를 넣고 소스가 끓으면 녹말물을 넣어 걸쭉해지면 튀긴 생선을 섞어 넣고 버무려서 낸다. [그림 4~5]

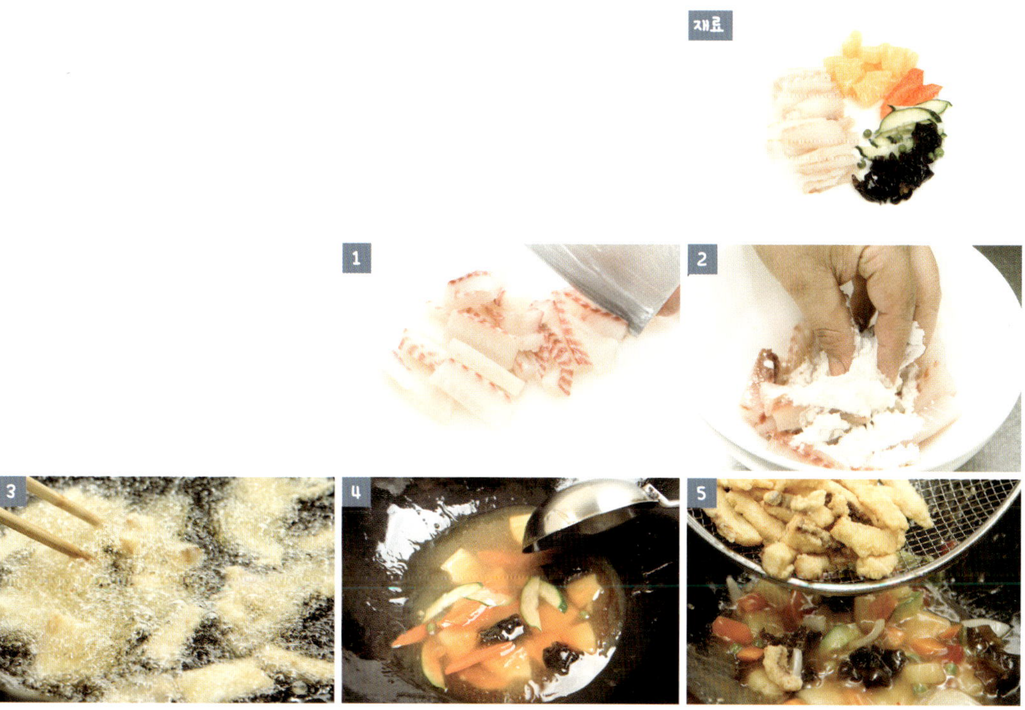

양장피잡채 chǎo ròu iǎng zhāng pí 炒肉兩張皮

주재료

양장피	1/2장
달걀	1개
돼지등심(살코기)	50g
작은 새우살	50g
갑오징어살(오징어 대체가능) ..	
	50g
건해삼(불린 것)	60g

부재료

당근(길이로 썰어서)	50g
오이(가늘고 곧은 것, 20cm)...	
	1/3개
건목이버섯	1개
조선부추	30g
양파(중, 150g)	1/2개

조미료

겨자	10g
흰설탕	30g
식초	50㎖
소금(정제염)	3g
진간장	5㎖
식용유	20㎖
참기름	5㎖

1. 갑오징어는 칼집을 내고, 돼지고기와 양파는 채 썰고, 목이버섯은 물에 불려서 뜯어 놓고, 부추는 5㎝ 길이로 자르고 새우는 삶아 놓는다. [그림 1~2]

2. 모든 재료(달걀 지단)는 곱게 채로 썰어 접시 가장자리에 순서대로 가지런히 돌려 담고 양장피는 끓는 물에 데쳐서 부드러워지면 찬물에 헹구어 접시 가운데 담는다. [그림 3~4]

3. 팬에 식용유를 두르고 뜨거워지면 고기와 채소를 같이 넣어 간을 하여 볶은 뒤 양장피 위에 얹어낸다. [그림 5~6]

* 겨자소스 만들기: 겨자는 따뜻한 물에 개어서 발효시킨 후 설탕, 소금, 식초로 간을 하고 참기름을 넣어 겨자소스를 만든다(오징어냉채 만드는 방법 참고 82p).

* 달걀지단 만들기: 달걀은 소금을 약간 넣어 지단을 부쳐서 곱게 채 썬다(짜춘권 만드는 방법 참고 92p).

재료

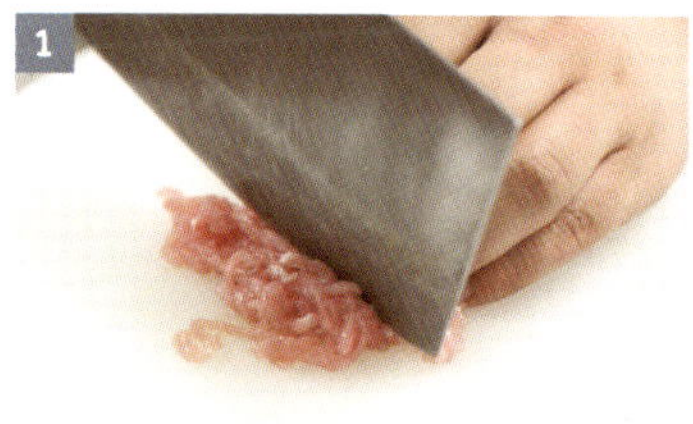

깐풍기

干烹鷄

주재료

닭다리(한 마리 1.2kg, 허벅지살
포함, 반마리 지급 가능) 1개

부재료

청피망(중, 75g) 1/4개
홍고추(생) 1/2개
대파(흰 부분, 6cm) 2토막
마늘(중, 깐 것) 3쪽
생강 5g
달걀 1개

조미료

식용유 .... 800㎖
진간장 .... 15㎖
청주 .... 15㎖
소금(정제염) 10g
흰설탕 15g
식초 .... 15㎖
검은 후춧가루 1g
참기름 .... 5㎖
녹말가루(감자전분) 100g

1. 닭다리는 뼈를 발라낸 후 사방 3cm 정도 사각형으로 썰어 놓고, 채소는 다져서 준비한다. [그림 1~4]

2. 썰어 놓은 닭은 밑간하여 달걀, 된녹말을 넣어 160℃ 정도의 식용유에 두세 번 바삭하게 튀겨준다. [그림 5~6]

3. 팬에 식용유를 두르고 뜨거워지면 다진 채소를 넣어 고루 볶은 뒤 간장, 청주로 향을 내고 육수와 조미료를 넣어 간을 맞춘다. [그림 7]

4. 끓어오르면 튀긴 닭을 넣고 빨리 볶아 참기름을 두르고 버무려 낸다. [그림 8]

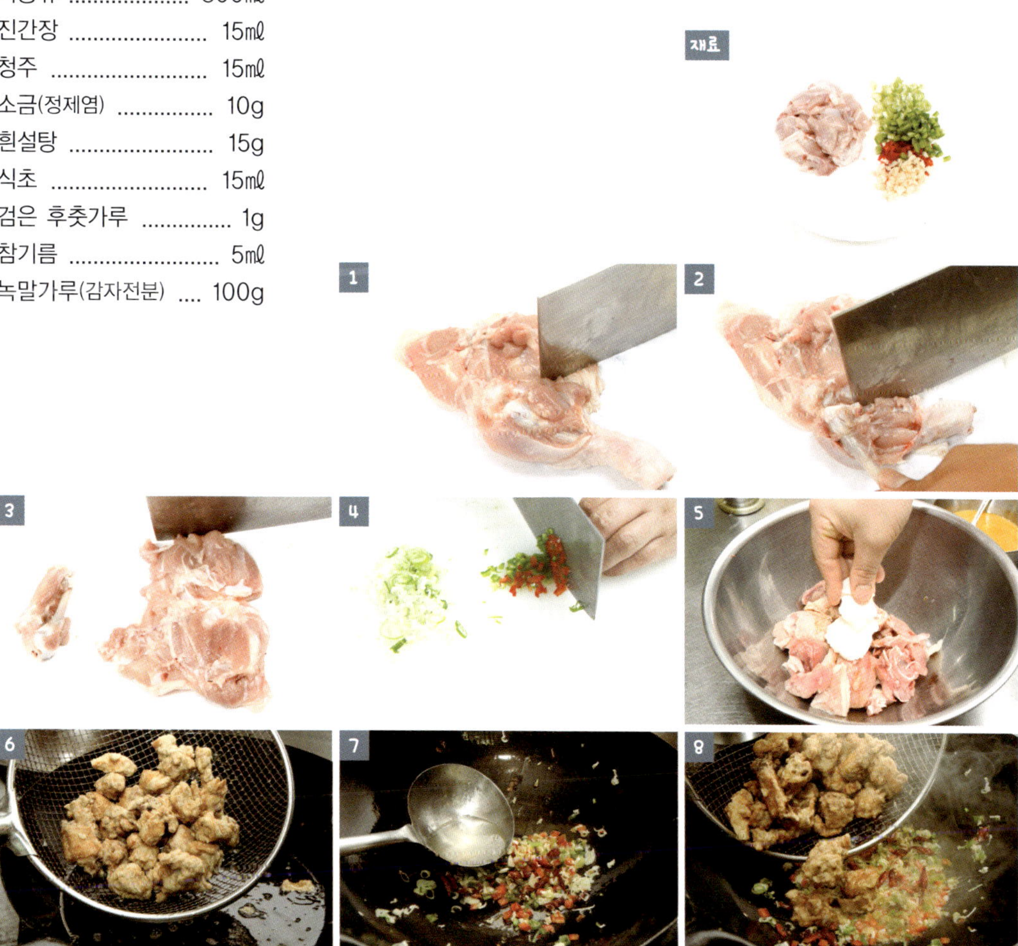

라조기

주재료

닭다리(한 마리 1.2kg, 허벅지살
포함, 반마리 지급 가능) 1개

부재료

홍고추(건) 1개
건표고버섯(지름 5cm, 물에 불
린 것) 1개
죽순(whole, 통조림, 고형분)...
.... 50g
청피망(중, 75g).......... 1/3개
청경채 1포기
양송이(whole, 통조림, 큰 것)..
.... 1개
대파(흰 부분, 6cm).......2토막
마늘(중, 깐 것) 1쪽
생강 5g
달걀 1개

조미료

고추기름 .... 10㎖
진간장 .... 30㎖
청주 ....15㎖
검은 후춧가루 1g
소금(정제염) 5g
녹말가루(감자전분) 100g
식용유 .... 900㎖

1. 닭다리는 뼈를 제거하여 5㎝×1㎝ 정도 길이로 썰고, 채소
   는 5㎝×2㎝ 길이로 썰어 놓는다. 건 홍고추는 2㎝ 정도 크
   기로 썰어서 준비한다. [그림 1~2]

2. 썰어놓은 닭고기에 밑간하여 달걀과 된녹말로 튀김옷을
   입혀 160℃의 식용유에 두세 번 바삭하게 튀겨준다. [그림
   3~4]

3. 팬에 고추기름을 두르고 뜨거워지면 건고추와 파, 생강, 마
   늘을 넣어 향을 내어 간장, 청주와 채소를 넣어 볶아준 뒤
   육수를 붓는다. [그림 5]

4. 육수가 끓으면 양념 간을 하고 여기에 튀긴 닭을 넣어 녹말
   물을 풀어 버무려 낸다. [그림 6~7]

고추잡채 qīng jiāo ròu sī 靑椒肉絲

주재료

돼지등심(살코기) 100g

부재료

청피망(중, 75g) 1개
양파(중, 150g) 1/2개
건표고버섯(지름 5cm, 물에 불
린 것) 2개
죽순(whole, 통조림, 고형분)...
.... 30g
달걀 1개

조미료

진간장 .... 15㎖
청주 .... 5㎖
소금(정제염) 5g
참기름 .... 5㎖
식용유 .... 150㎖
녹말가루(감자전분) 15g

1. 돼지고기는 얇게 저며서 5㎝ 길이로 채 썰고, 채소도 가늘게 채 썬다. [그림 1]

2. 돼지고기에 간장, 청주로 밑간한 다음 달걀과 된녹말을 묻혀 식용유에 익혀낸다. [그림 2~3]

3. 팬에 식용유를 두르고 뜨거워지면 양파를 약간 넣고 간장, 청주로 향을 내어 순서대로 채소를 볶다가 소금 간하고, 익혀낸 고기를 넣어 같이 볶아낸다. [그림 4~5]

새우케첩볶음 qié zhī xiā rén 茄汁蝦仁

주재료

작은 새우살(내장이 있는 것)
.... 200g

부재료

당근(길이로 썰어서) 30g
양파(중, 150g 정도) ... 1/6개
대파(흰 부분, 6cm) 1토막
완두콩 10g
생강 5g
달걀 1개
이쑤시개 1개

조미료

식용유 .... 800㎖
청주 .... 30㎖
진간장 .... 15㎖
토마토케첩 50g
흰설탕 10g
소금(정제염) 2g
녹말가루(감자전분) 100g

1. 새우는 이쑤시개로 내장을 빼낸 후 물기를 제거해 놓는다. 당근, 양파는 사방 1㎝ 정도의 사각형으로 썰고, 대파, 생강도 다져서 놓는다. [그림 1]

2. 새우에 달걀, 된녹말을 넣어 반죽한 뒤 160℃ 온도의 식용유에 두세 번 정도 바싹 튀긴다. [그림 2~3]

3. 팬에 식용유를 두르고 뜨거워지면 대파, 생강을 넣어 볶다가 청주와 채소를 같이 넣어 볶은 뒤 육수를 붓고 토마토케첩, 설탕을 넣는다. [그림 4~5]

4. 소스가 끓으면 녹말물을 풀고 튀긴 새우를 넣고 버무려서 접시에 담는다. [그림 6]

재료

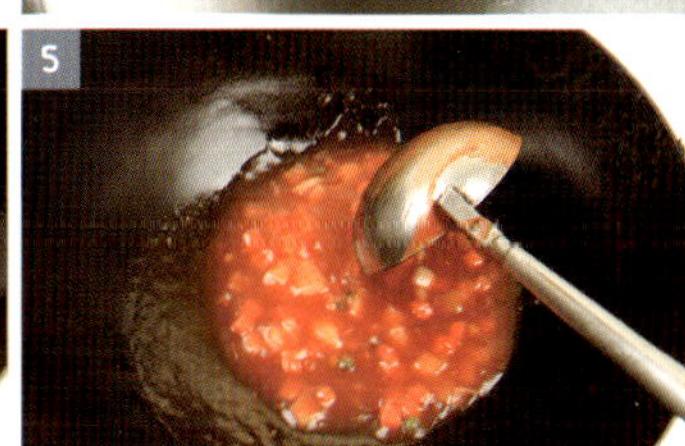

물만두

水餃子

주재료

돼지등심(살코기)	50g
조선부추	30g
대파(흰 부분, 6cm 정도)	1토막
생강	5g

만두피재료

밀가루(중력분)	100g
소금(정제염)	10g

조미료

진간장	10㎖
청주	5㎖
소금(정제염)	10g
검은 후춧가루	3g
참기름	5㎖

1. 돼지고기 다진 것은 생강, 간장, 청주, 소금, 후춧가루, 파 다진 것과 같이 잘 치대어 고기를 부드럽게 풀어준 뒤 여기에 송송 썬 부추를 넣어 섞어준다. [그림 1~3]

2. 밀가루는 찬물에 소금을 넣고 반죽을 하여 젖은 면포로 덮어둔 뒤 다시 잘 치대어서 가래떡처럼 길게 늘려 떼어서 둥글고 얇게 직경 6㎝ 정도의 만두피를 만든다. [그림 4~7]

3. 만두피 안에 소를 적당히 떠놓고 반으로 접어 꼭 눌러 붙인 다음 가운데가 볼록한 삼각형이 되도록 빚는다. [그림 8~9]

4. 끓는 물에 만두를 넣고 삶아 끓어오르면 물을 조금씩 끼얹어 주고, 완전히 익으면 건져내어 찬물에 담갔다가 접시에 담고 국물을 잘박하게 부어낸다. [그림 10~11]

증교자

蒸餃子

주재료

돼지등심(다진 살코기) 50g
조선부추 30g
대파(흰 부분, 6cm 정도)1토막
생강 5g

만두피재료

밀가루(중력분) 100g
소금(정제염) 10g

조미료

굴소스 .... 10㎖
진간장 .... 20㎖
청주 .... 10㎖
소금(정제염) 10g
검은 후춧가루 5g
참기름 .... 5㎖

1. 돼지고기 다진 것에 조미료 양념과 파 다진 것을 넣고 잘 치대어 고기를 부드럽게 풀어준 뒤 여기에 송송 썬 부추를 넣어 섞어준다. [그림 1~3]

2. 밀가루는 끓는 물에 소금 약간을 넣고 반죽하여 젖은 면포로 덮어 둔 뒤 다시 잘 치대어서 가래떡처럼 길게 늘려 밤알 크기만큼 떼어서 둥글고 얇게 직경 7㎝ 정도의 만두피를 만든다. [그림 4~6]

3. 만두피에 만두소를 적당히 담아 왼손에 올려놓고 오른쪽 엄지와 두 번째 손가락으로 집어가며 주름을 만들어 만두피에 붙여준다. [그림 7~10]

4. 찜통에 담아서 김이 오른 찜통에 8분간 쪄낸다. [그림 11]

새우볶음밥

xiā rén chǎo fàn

蝦仁炒飯

주재료

쌀(30분 정도 물에 불린 쌀) ....
.... 150g
작은 새우살 30g

부재료

달걀 1개
대파(흰 부분, 6cm) 1토막
당근 20g
청피망(중, 75g)........... 1/3개

조미료

식용유 .... 50㎖
소금 5g
흰후춧가루 5g

1. 불린 쌀은 질지 않게 지어둔다. 모든 채소는 작게 다지듯이 썰고 달걀은 풀어놓고 새우는 내장을 제거하고 미리 데쳐서 준비한다.

2. 잘 달구어진 팬에 기름을 넣고 풀어둔 달걀을 넣는다. 국자로 달걀을 조금씩 저어서 볶은 뒤 밥을 넣고 볶는다. [그림 1~2]

3. 밥이 적당히 볶아지면 채소와 새우를 넣고 소금 간을 한 다음 몇 번 더 볶아서 접시에 담아낸다. [그림 3~4]

유니짜장면 zhá jiàng miàn 炸醬麵

주재료

돼지등심(다진 살코기) .. 50g
중화면(생면) 150g
춘장 50g

부재료

양파(중, 150g) 1개
호박(애호박) 50g
오이(가늘고 곧은 것, 20cm)...
 .... 1/4개
생강 10g

조미료

식용유 .... 100㎖
소금 10g
진간장 .... 50㎖
청주 .... 50㎖
흰설탕 20g
녹말가루(감자전분) 50g
참기름 .... 10㎖

1. 양파와 호박은 작은 사각 모양으로 썰고, 생강은 다지고, 등심고기도 곱게 다져놓는다.

2. 먼저 식용유에 춘장을 타지 않게 잘 볶아준다. [그림 1]

3. 팬에 식용유를 넣고 뜨거워지면 먼저 다진 생강과 고기를 넣어 볶다가 간장, 청주를 넣어 향을 내고 고기가 익으면 양파와 호박을 넣고 잘 익도록 고루 볶아준다. [그림 2]

4. 양파가 충분히 익으면 식용유에 볶은 춘장을 적당히 넣고 골고루 볶은 뒤 조미료(소금, 설탕)와 육수를 넣고, 끓으면 녹말물로 걸쭉하게 하여 참기름을 둘러 낸다. [그림 3]

5. 잘 삶아낸 중화면은 끓는 물에 데쳐서 그릇에 담아 짜장소스를 붓고 곱게 썬 오이채를 올려 담는다. [그림 4~5]

울면 溫滷麵

주재료

중화면(생면)	150g
오징어(몸통)	50g
작은 새우살	20g

부재료

양파(중, 150g)	1/4개
조선부추	10g
대파(흰 부분, 6cm)	1토막
마늘(중, 깐 것)	3쪽
당근(길이 6cm)	20g
배추잎(1/2잎)	20g
건목이버섯	1개
달걀	1개

조미료

진간장	5㎖
소금	5g
청주	30㎖
참기름	5㎖
흰후춧가루	3g
녹말가루(감자전분)	20g

1. 모든 채소는 채 썰어 준비한다. [그림 1]

2. 중화면은 끓는 물에 삶아 찬물에 헹군 후 데쳐서 준비한다. [그림 2]

3. 팬에 물을 붓고 간장, 청주, 파를 넣어 끓이다가 모든 재료를 넣고 소금, 후춧가루로 간을 한다. [그림 3~4]

4. 탕이 끓으면 잡물을 걷어 낸 뒤 녹말물로 걸쭉하게 농도를 맞추고 여기에 달걀을 잘 풀어주고 참기름을 둘러 국수에 부어낸다. [그림 5]

경장육사 jīng jiàng ròu sī 京醬肉絲

주재료

돼지등심(살코기) ... 150g
달걀 1개

부재료

죽순(whole, 통조림, 고형분)
.... 100g
대파(흰 부분, 6cm) ....
.... 3토막
생강 5g
마늘(중, 깐 것) 1쪽

조미료

춘장 50g
식용유 .... 300㎖
흰설탕 30g
굴소스 .... 30㎖
진간장 .... 30㎖
청주 .... 30㎖
참기름 .... 5㎖
녹말가루(감자전분) .. 50g

1. 돼지고기와 죽순, 마늘, 생강은 채 썰어 놓고, 대파는 깨끗이 씻어서 가는 채로 썰어서 물에 10분 정도 담가놓았다가 건져서 접시 가장자리에 소복이 올려놓는다. [그림 1]

2. 팬에 춘장이 잠길 정도의 식용유를 넣고, 120℃ 정도에서 춘장을 볶아준다. [그림 2]

3. 썰어 놓은 돼지고기는 간장, 청주로 밑간 한 뒤 달걀과 된녹말을 넣고 버무려서 중불에서 뭉치지 않도록 튀겨낸다. [그림 3~4]

4. 팬에 식용유를 넣어 뜨거워지면 마늘, 생강을 넣고 간장, 청주로 향을 내어 여기에 죽순과 볶아낸 춘장을 넣어 간을 한 뒤 육수를 넣는다. 소스가 끓으면 녹말물을 넣고 튀겨낸 고기를 넣어 죽순과 잘 섞어준 뒤 파채 위에 소복이 올려 담는다. [그림 5~7]

빠스고구마

bǎ sī dì guā

拔絲地瓜

주재료

고구마(300g) 1개

부재료

흰설탕 100g
식용유 .... 1000㎖

1. 고구마는 껍질을 벗기고 먼저 길게 4등분을 내고 다시 4㎝ 크기의 다각형으로 돌려 썰어서 놓는다. [그림 1~2]

2. 150℃ 정도의 식용유에 국자로 저어가며 4~5분간 노릇노릇하게 바싹 튀긴다. [그림 3~4]

3. 팬에 식용유를 약간 두르고 뜨거워지면 설탕을 넣고, 중불에 녹여서 갈색이 나는 시럽을 만든다. [그림 5~6]

4. 시럽에 튀긴 고구마를 넣고 잘 버무려서 달라붙지 않게 식혀서 완성접시에 담는다. [그림 7~8]

빠스옥수수 bǎ sī yu mǐ 拔絲玉米

주재료

옥수수(통조림, 고형분)...120g
달걀 1개
밀가루(중력분) 80g
땅콩 7알

빠스시럽

식용유 .... 500㎖
흰설탕 50g

1. 옥수수는 물기를 제거한 후 다져주고, 땅콩도 으깨서 옥수수와 같이 섞는다. [그림 1~2]

2. 용기에 담은 옥수수에 달걀과 밀가루를 같이 섞어서 잘 버무려준다. [그림 3~4]

3. 140℃ 정도의 튀김온도에 옥수수반죽을 호두알 크기만큼 직경 3㎝ 정도의 완자를 만들어 노릇하게 튀긴다. [그림 5~6]

4. 팬에 식용유를 두르고 중불에서 설탕을 넣어 갈색이 나는 시럽이 되면 튀긴 옥수수를 넣고 빨리 버무린 후 서로 달라붙지 않게 한 뒤 접시에 담는다. [그림 7~9]

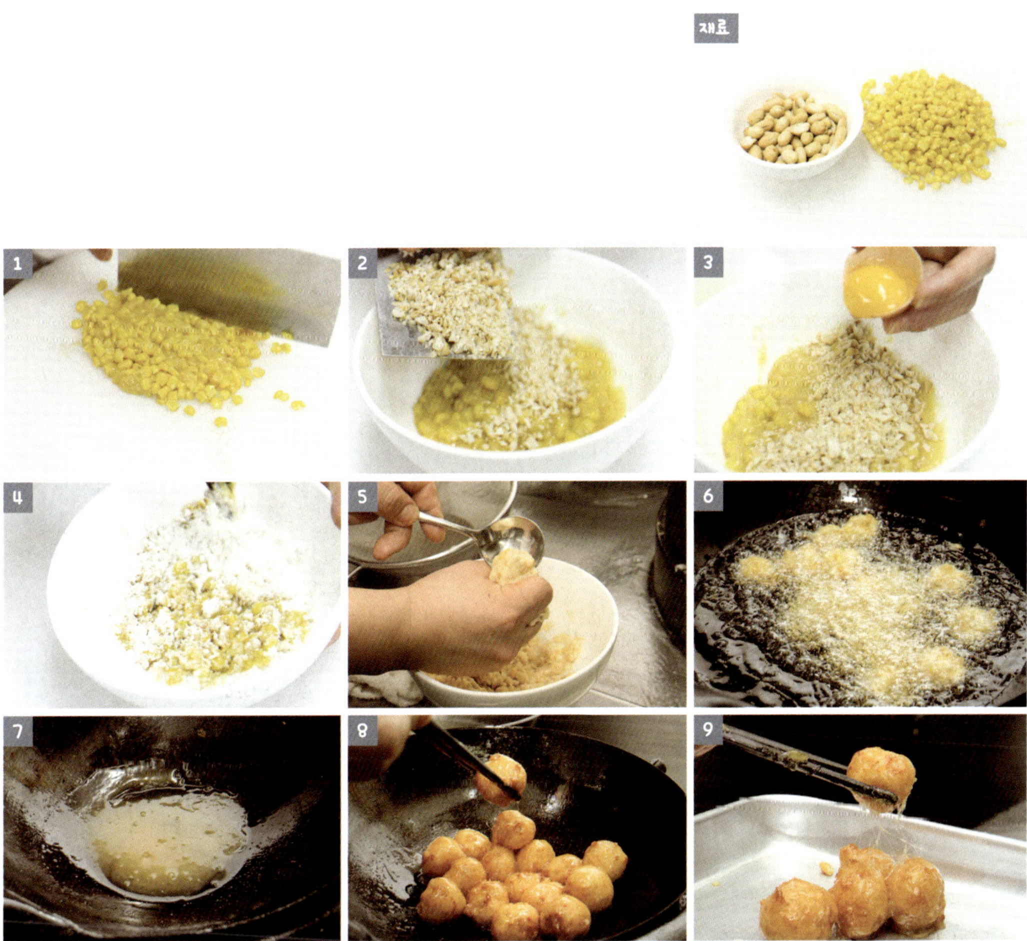

3
최신
중식산업기사
(중급요리)

삼선냉채 lěng bàn sān xiān 冷拌三鮮

주재료 ·중새우 3마리 ·불린 해삼 50g ·패주(가리비) 2개 ·갑오징어살 30g

부재료 ·오이 ½개

조미료 ·겨자 20g ·육수(또는 물) 20㎖ ·백설탕 15g ·식초 30㎖ ·소금 3g ·참기름 5㎖

만드는 방법

1. 패주에 질긴 부분은 도려내고 얇게 편으로 썰어서 끓은 물에 살짝 데쳐서 식혀 놓고, 중새우는 내장을 제거 한 후, 끓은 물에 삶아서 식혀 놓는다. 갑오징어 살도 잔 칼집을 내어썰어서 끓는 붙에 데진다. [그림 1~3]

2. 불린 해삼은 얇게 편으로 썰어 끓은 물에 살짝 데쳐서 식초를 묻혀놓고, 새우는 껍질을 벗겨서 반으로 썰어 놓는다. [그림 4~6]

3. 오이는 편으로 썰어 준비한 모든 해물과 같이 섞고, 여기에 겨자소스를 넣고 버무려서 참기름을 두르고 접시에 담는다. [그림 7]

* 겨자소스: 작은 볼에 겨자를 따뜻한 물에 개어서 밀봉하여 15분정도 발효시킨 후, 다시 식초와 설탕, 소금을 넣어 걸쭉하게 풀어준 뒤 참기름을 넣는다.

산라탕 suān là tāng 酸辣湯

주재료 ·두부 $\frac{1}{4}$모 ·새우살 50g ·돼지고기 30g ·불린 해삼 30g ·달걀 1개

부재료 ·생강 5g ·표고버섯(whole) 2장 ·죽순(whole) 20g ·대파 1토막 ·팽이버섯 10g

조미료 ·육수(또는 물) 450㎖ ·청주 15㎖ ·진간장 15㎖ ·소금 5g ·흰후춧가루 2g ·참기름 5㎖
·식초 15㎖ ·녹말가루 30g ·고추기름 15㎖

<table>
<tr><td>만드는
방법</td><td>

1. 표고버섯, 죽순, 해삼, 돼지고기는 채로 썰어 놓고, 두부는 0.3cm×5cm 길이의 굵은 채로, 대파 채와 생강도 다져서 준비한다. [그림 1~2]

2. 두부, 팽이버섯, 생강만 남기고 새우살과 모든 재료를 끓은 물에 데쳐낸 뒤, 다시 팬에 육수를 붓고 진간장, 청주, 생강을 넣어 끓여서 두부만 남기고 거품을 제거한다. [그림 3~4]

3. 탕이 끓으면 두부와 팽이버섯을 넣고, 조미료로 간을 한다. [그림 5]

4. 끓은 탕에 녹말물로 걸쭉하게 농도를 맞춘 뒤, 중불에 달걀을 뭉치지 않게 풀어서 넣고 참기름과 고추기름을 두르고 그릇에 담아낸다. [그림 6]

</td></tr>
</table>

게살옥수수스프

xiè ròu yù mǐ tāng
蟹肉玉米湯

주재료 ·옥수수(통조림) 60g ·달걀 1개 ·게살 50g ·생강 5g

조미료 ·식용유 20㎖ ·육수(또는 물) 400㎖ ·청주 15㎖ ·소금 4g
·흰후춧가루 2g ·참기름 5㎖ ·녹말가루 20g

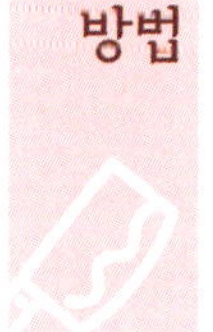

만드는 방법

1. 옥수수는 곱게 다져놓고, 게살은 가늘게 찢어놓는다. [그림 1~2]

2. 팬에 시용유를 두르고 뜨거워지면 생강(다진 것)과 청주를 넣어 향을 낸 뒤, 육수를 부어 다진 옥수수를 넣고, 소금, 후춧가루로 간을 한 뒤 게실을 넣어 중불에서 천천히 끓인다. [그림 3~5]

3. 탕이 끓으면 녹말물로 약간 걸쭉하게 한 뒤, 다시 달걀을 부드럽게 풀어서 넣고, 끓으면 참기름을 두르고 그릇에 담는다. [그림 6~7]

류산슬 溜三絲

liú sān sī

주재료 ·불린 해삼 100g ·새우살 50g ·돼지고기(등심) 60g ·달걀 1개

부재료 ·표고버섯(whole) 3장 ·죽순(whole) 50g ·팽이버섯 10g ·부추 10g ·대파 1토막 ·마늘 2쪽 ·생강 5g

조미료 ·식용유 300㎖ ·육수(또는 물) 250㎖ ·청주 20㎖ ·진간장 20㎖ ·굴소스 20㎖ ·소금 5g ·흰후춧가루 2g ·참기름 5㎖ ·녹말가루 50g

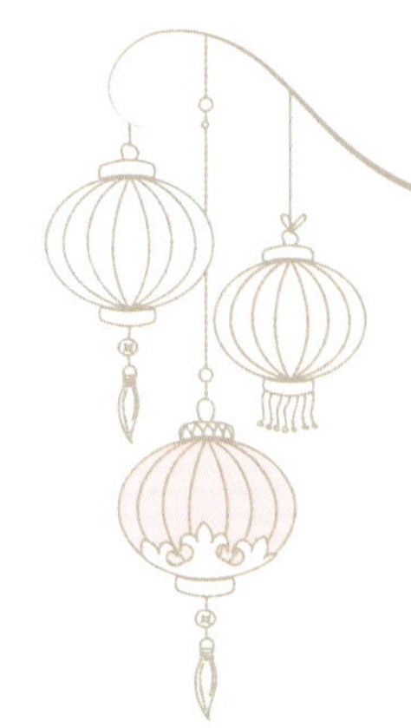

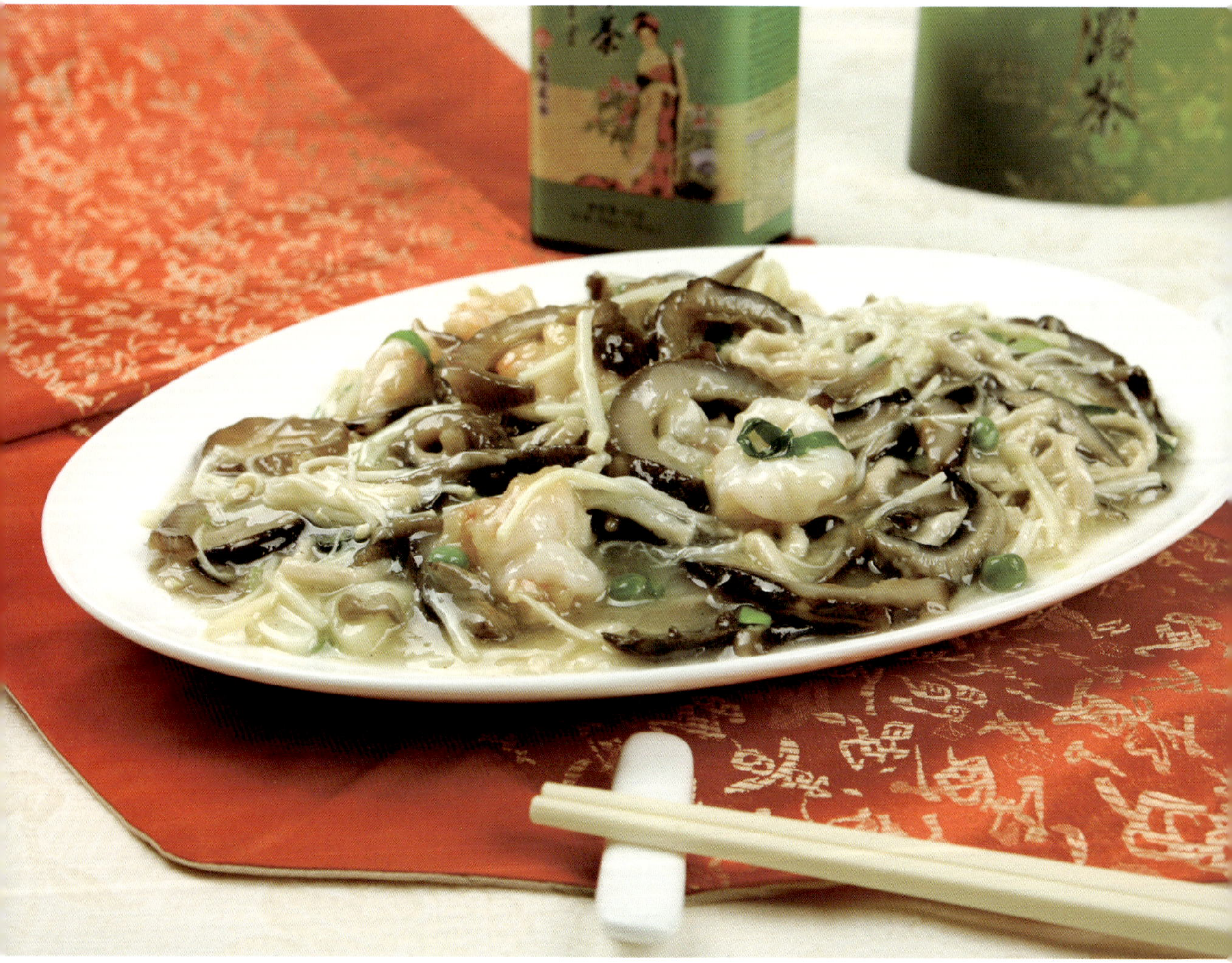

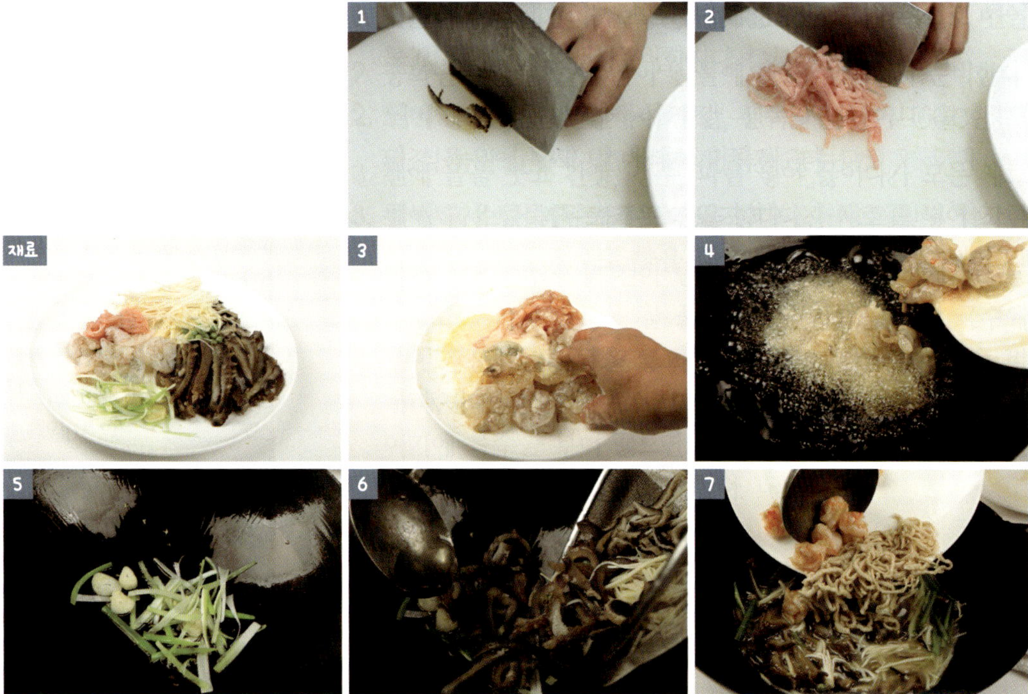

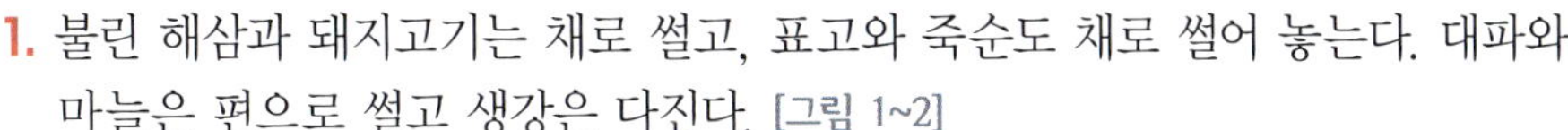

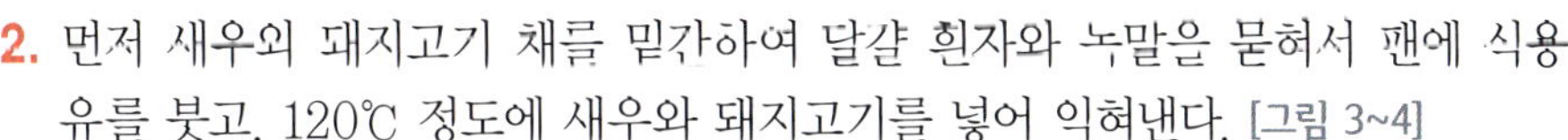

만드는 방법

1. 불린 해삼과 돼지고기는 채로 썰고, 표고와 죽순도 채로 썰어 놓는다. 대파와 마늘은 편으로 썰고 생강은 다진다. [그림 1~2]

2. 먼저 새우와 돼지고기 채를 밑간하여 달걀 흰자와 녹말을 묻혀서 팬에 식용유를 붓고, 120℃ 정도에 새우와 돼지고기를 넣어 익혀낸다. [그림 3~4]

3. 파, 마늘, 생강, 부추를 제외한 해삼, 채소를 끓은 물에 데친다. 데친 후 물기를 제거하고, 다시 팬에 식용유를 두르고 뜨거워지면 대파, 마늘, 생강을 먼저 넣어 진간장으로 향을 낸다. 그리고 데쳐낸 해삼, 채소를 넣고 청주를 넣어 센불에 볶아주면서 육수를 붓는다. [그림 5~6]

4. 팬에 소스가 끓으면 조미료 간을 한 다음, 튀겨낸 새우와 돼지고기, 부추를 넣고 볶아주면서 잘 섞이면 녹말물을 풀어 걸쭉하게 만든 뒤 참기름을 둘러낸다. [그림 7]

해삼죽순 海參竹筍

주재료 ·불린 해삼 100g ·죽순 100g

부재료 ·대파 1토막 ·마늘 3쪽 ·생강 5g

조미료 ·식용유 30㎖ ·육수 80㎖ ·진간장 15㎖ ·청주 15㎖
·굴소스 10㎖ ·노두유 5㎖ ·녹말가루 30g ·참기름 5㎖

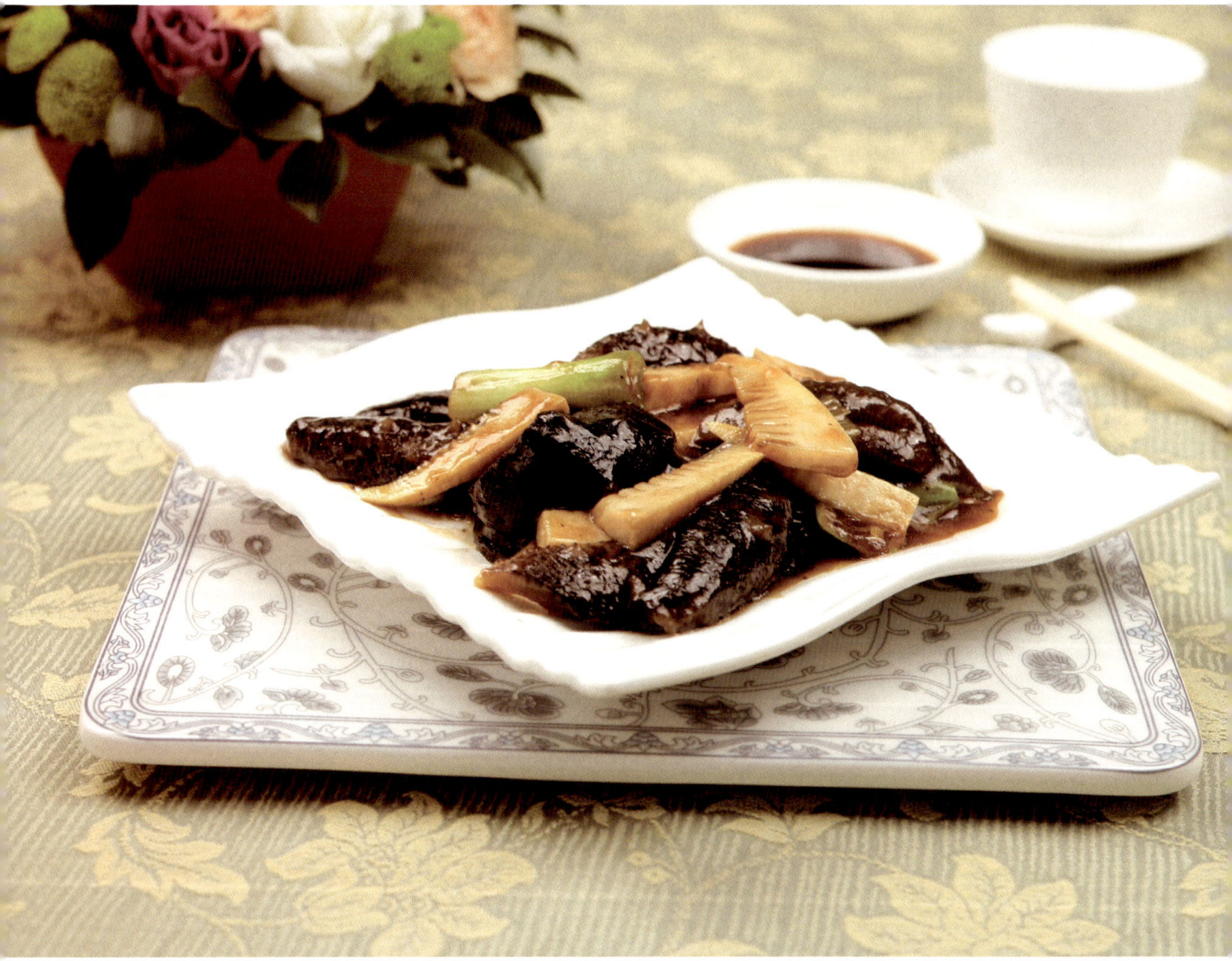

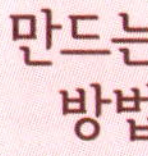

1. 불려놓은 해삼은 길게 편으로 잘 썰어 놓고, 죽순도 4~5cm 정도의 길이로 편으로 썬다. 대파는 3cm 길이의 편으로 썰고 마늘은 얇은 편으로, 생강은 곱게 다진다. [그림 1~2]

2. 썰어놓은 해삼과 죽순은 끓는 물에 데쳐낸 뒤, 물기를 제거한다. [그림 3]

3. 팬에 식용유를 두르고 먼저 파, 마늘, 생강을 넣고 진간장, 청주로 향을 낸 후, 죽순과 해삼을 넣어 골고루 볶은 뒤 육수를 부어 조미료로 간을 한다. [그림 4~5]

4. 팬에 소스가 조금 졸여지면 녹말물을 풀어서, 소스가 해삼과 죽순에 잘 섞이면 참기름을 두르고 볶아낸다. [그림 6~7]

팔보채 bá bǎo cài 八宝菜

주재료 ·불린 해삼 50g ·중새우 3마리 ·갑오징어 몸살 80g ·소라살 50g ·패주 50g

부재료 ·표고버섯 2개 ·죽순 30g ·양송이버섯 2개 ·홍고추(생) 1개 ·브로콜리 50g ·대파 1토막
·마늘 3쪽 ·생강 3g

조미료 ·고추기름 30㎖ ·진간장 15㎖ ·청주 15㎖ ·육수 100㎖ ·굴소스 15㎖ ·흰후춧가루 3g
·녹말가루 30g ·참기름 5㎖

1. 불린 해삼, 갑오징어 몸살, 소라살, 새우, 패주는 손질하여 편으로 썰고, 모든
   채소도 같은 크기의 편으로 썰어서 준비한다. 대파는 3cm 길이의 굵은 채로
   썰고 마늘은 편으로, 생강은 다져서 준비한다. [그림 1~3]

2. 파, 마늘, 생강을 제외한 모든 재료를 끓은 물에 살짝 데쳐낸다. [그림 4]

3. 팬에 고추기름을 두르고 뜨거워지면 파, 마늘, 생강을 넣어 볶다가 진간장, 청
   주로 향을 낸다. 끓은 물에 데쳐낸 모든 재료를 같이 넣고 볶은 다음, 바로
   육수를 붓는다. [그림 5~6]

4. 팬에 소스가 끓으면 조미료로 간을 한 뒤, 녹말물로 걸쭉하게 하여 참기름을
   두르고 볶아낸다. [그림 7]

간소새우 gān shāo xiā rén 干燒蝦仁

주재료 ·중새우 10마리

부재료 ·달걀 1개 ·대파 1토막 ·마늘 3쪽 ·생강 5g ·홍고추(생) 1개

조미료 ·고추기름 30㎖ ·토마토케첩 50g ·두반장 10g ·청주 30㎖ ·육수 100㎖
·식초 15㎖ ·설탕 45g ·참기름 5㎖ ·녹말가루 100g ·식용유 800㎖

1. 중새우는 꼬리 부분만 남기고 껍질을 벗겨 등 쪽에 칼집을 내어 내장을 제거한다. 대파, 홍고추는 쌀알크기로 송송 썰고, 마늘과 생강도 곱게 다져서 놓는다. [그림 1~2]

2. 새우에 달걀과 된녹말로 튀김 반죽을 만들어 골고루 잘 묻힌 뒤, 160℃ 식용유에 2~3회 정도 바삭하게 튀겨준다. [그림 3~4]

3. 팬에 고추기름을 두르고 뜨거워지면 대파, 홍고추, 마늘, 생강을 넣어 볶다가 청주, 두반장으로 향을 낸다. 여기에 육수를 붓고 토마토케첩, 설탕, 식초를 넣어 간을 맞춘다. 끓으면 녹말물로 약간 걸쭉하게 한 뒤, 바로 튀겨낸 새우를 넣어 참기름을 두르고 버무려낸다. [그림 5~7]

새우마요네즈 沙拉蝦球

주재료 ·새우살 200g ·달걀 1개

부재료 ·당근 30g ·오이 30g ·파인애플 2쪽 ·레몬 ½개 ·체리 2개

조미료 ·우유 30㎖ ·소금 5g ·백설탕 50g ·식초 5㎖ ·마요네즈 100g ·녹말가루 100g ·식용유 800㎖

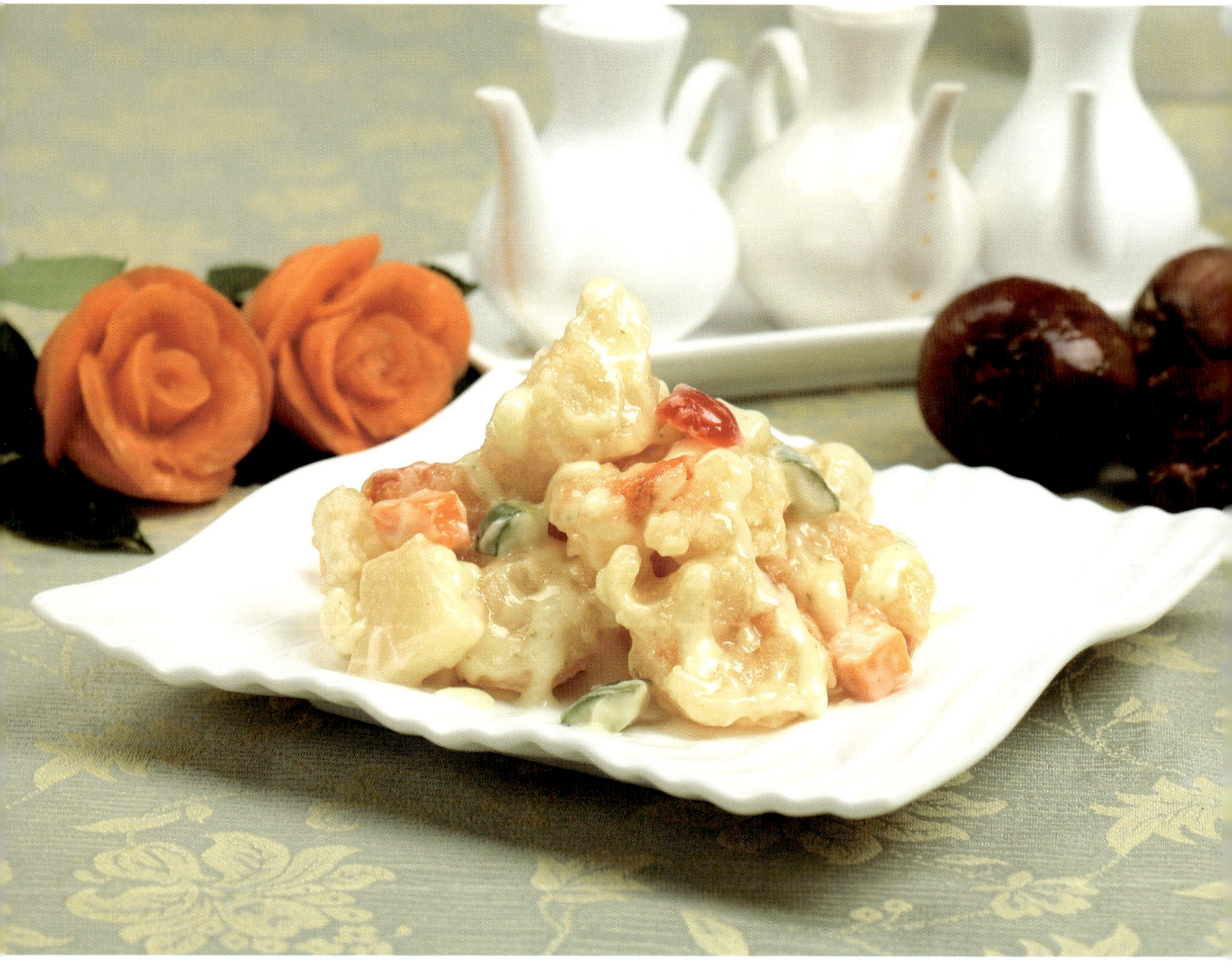

<table>
<tr><td>만드는
방법</td></tr>
</table>

1. 새우는 내장을 제거하고 오이, 당근, 파인애플은 1.5cm 정도의 작은 사각 모양으로 썰어서 준비한다. [그림 1]

2. 손질해놓은 새우에 달걀과 된녹말로 반죽하여 160℃ 식용유에 두 번 정도 바싹 튀겨낸다. [그림 2~3]

3. 그릇에 우유를 붓고 마요네즈를 넣어 백설탕, 소금, 식초로 간을 하고, 골고루 잘 저어서 풀어준 뒤 레몬즙을 넣는다. [그림 4]

4. 팬에 깨끗한 식용유를 두르고 뜨거워지면 채소를 넣고 살짝 볶은 뒤, 바로 우유에 풀어낸 마요네즈를 넣는다. 그리고 녹말물을 약간 풀어 농도를 맞추고, 바로 튀겨낸 새우를 넣어 버무려낸다. [그림 5~6]

채소두부탕 shū cài dòu fǔ tāng 蔬菜豆腐湯

주재료 ·두부 100g ·표고버섯(whole) 2개 ·죽순(whole) 30g ·청경채 1포기
·당근 30g ·양송이버섯(whole) 2개 ·대파 1토막 ·생강 3g

조미료 ·육수(또는 물) 450㎖ ·진간장 10㎖ ·청주 15㎖ ·소금 5g ·흰후춧가루 2g ·참기름 5㎖

만드는 방법

1. 표고버섯, 죽순, 당근, 청경채, 양송이버섯은 편으로 썰고, 대파는 송송 썬다. 생강은 곱게 다져 놓는다. 두부는 길이 3cm×2cm 정도, 두께 0.5cm의 편으로 썰어놓는다. [그림 1~2]

2. 먼저 끓은 물에 대파와 생강을 제외한 채소를 데쳐낸다. [그림 3]

3. 팬에 육수, 청주, 진간장, 생강을 넣고 끓이다가, 여기에 채소와 두부를 넣고 다시 끓인 후 거품을 걷어내고 소금, 흰후춧가루로 간을 한다. [그림 4]

4. 팬에 두부가 익으면 여기에 참기름을 두르고, 완성 그릇에 담아준 뒤 대파를 뿌려낸다. [그림 5]

면포하 miàn bāo xiā 面包蝦

주재료 ·새우살 150g ·달걀 1개 ·녹말가루 100g ·대파 ½토막 ·생강 3g ·식빵 4쪽

조미료 ·소금 5g ·청주 10㎖ ·흰후춧가루 2g ·참기름 5㎖ ·식용유 500㎖

1. 식빵은 사방 4cm, 두께 0.5cm 크기로 썰어서 놓는다. [그림 1~2]

2. 새우살은 내장을 제거하고 곱게 잘 다져서 생강, 대파(다져서), 소금, 흰후춧가루, 참기름을 넣어 밑간을 한 다음, 달걀 흰자와 녹말가루를 넣어 잘 치대서 새우반죽을 만든다. [그림 3~4]

3. 먼저 썰어놓은 식빵의 절반은 접시에 깔고, 새우반죽을 호두알 크기 완자모양으로 떼어 식빵 위에 올리고, 나머지 식빵을 위에 덮고 살짝 눌러준다. [그림 5~6]

5. 120℃ 식용유에 새우샌드위치를 넣어 중불에 천천히 뒤집어가며 튀긴다. 튀김식빵 색상이 노릇할 때 바로 건져서 접시에 담아낸다. [그림 7]

마라우육 má là niú ròu 麻辣牛肉

주재료 ·쇠고기(등심) 150g ·달걀 1개 ·녹말가루 50g ·캐슈넛(땅콩) 50g

부재료 ·양파 ½개 ·죽순 50g ·홍고추 1개 ·셀러리 30g ·대파 1토막 ·마늘 5쪽 ·생강 3g
·마른고추 2개 ·피망 ½개

조미료 ·육수 100㎖ ·진간장 15㎖ ·청주 15㎖ ·굴소스 10g ·두반장 10g ·백설탕 10g ·흑후춧가루 3g
·고추기름 30㎖ ·식용유 300㎖

1. 모든 채소는 굵게 썰고, 마른고추는 2cm 정도 크기로 썬다. 캐슈넛(땅콩)은 미리 식용유에 튀겨 놓는다. [그림 1~2]

2. 쇠고기(등심)는 길이 4cm, 넓이 1.5cm 정도로 썰어서 진간장, 청주로 밑긴하여 달걀과 녹말가루를 넣어 버무린 후, 재료가 잠길 정도의 식용유를 부어 중불에 튀겨낸다. [그림 3~4]

3. 팬에 고추기름을 두르고 뜨거워지면 마른고추를 먼저 볶다가 대파, 마늘, 생강을 볶는다. 여기에 진간장, 청주, 두반장으로 향을 내고, 모든 채소를 같이 넣고 볶은 뒤 육수를 붓고 굴소스, 백설탕, 흑후춧가루로 간을 한다. [그림 5]

4. 소스가 끓으면 튀겨낸 쇠고기와 캐슈넛(땅콩)을 넣고 바로 녹말물을 풀어 준 뒤, 참기름을 두르고 볶아낸다. [그림 6~7]

란화우육

蘭花牛肉

주재료 ·쇠고기(등심) 100g

부재료 ·브로콜리 150g ·마늘 2쪽 ·생강 3g ·달걀 1개

조미료 ·식용유 300㎖ ·진간장 30㎖ ·청주 30㎖ ·육수 100㎖ ·굴소스 10g
·흰후춧가루 2g ·백설탕 5g ·참기름 5㎖ ·녹말가루 20g ·로두유 5㎖

<table>
<tr><td>만드는
방법</td><td>

1. 브로콜리는 먹기 좋을 크기로 썰고, 쇠고기(등심)는 넓적하게 한입 크기 정도의 편으로 썰어 놓는다. 생강, 마늘은 다져서 준비한다. [그림 1]

2. 쇠고기(등심)는 진간장, 청주에 묻혀 날샬과 된녹말을 넣어 버무려서 중불에 익혀낸다. [그림 2~3]

3. 브로콜리는 끓은 물에 데친 뒤, 팬에 식용유를 둘러서 살짝 볶아 접시 안쪽으로 돌려가며 담아놓는다. [그림 4]

4. 팬에 식용유를 두르고 뜨거워지면 마늘, 생강을 넣어 진간장, 청주로 향을 낸다. 그리고 육수를 부어 굴소스, 조미료, 로두유로 간을 하고 녹말물로 걸쭉하게 한 뒤, 익혀낸 쇠고기를 넣고 버무려 참기름을 두르고 브로콜리 안쪽으로 소복이 담아낸다. [그림 5~7]

</td></tr>
</table>

구로육 咕嚕肉

gū lū ròu

주재료 ·돼지고기(등심) 200g ·달걀 1개

부재료 ·양파(150g) ½개 ·피망 1개 ·완두콩 10g ·파인애플(통조림) 2쪽 ·생강 2g

조미료 ·육수(또는 물) 100㎖ ·진간장 5㎖ ·청주 15㎖ ·식초 15㎖ ·소금 3g
·백설탕 35g ·토마토케첩 50g ·녹말가루 150g ·식용유 600㎖

<table>
<tr><td>만드는
방법</td><td>

1. 돼지고기(등심)는 연하게 칼집을 넣어 사방 3cm 크기의 사각형으로 썰어 놓는다. [그림 1~2]

2. 양파, 피망, 파인애플은 삼각 모양으로 썰고, 생강은 다져서 준비한다. [그림 3]

3. 고기에 진간장, 청주를 넣어 밑간 한 뒤, 달걀과 된녹말로 튀김 반죽을 하여 160℃ 식용유에 두세 번 바삭하게 튀겨준다. [그림 4~5]

4. 팬에 식용유를 두르고 뜨거워지면 다진 생강과 진간장, 청주로 향을 내고 모든 채소를 넣고 살짝 볶은 뒤, 육수를 붓는다. 여기에 토마토케첩, 백설탕, 식초로 간을 본 뒤, 끓으면 녹말물로 걸쭉하게 하여 튀긴 돼지고기를 넣고 버무려낸다. [그림 6~7]

</td></tr>
</table>

회과육 huí guō ròu 回鍋肉

주재료 ·돼지고기(삼겹살) 200g ·춘장 50g

부재료 ·표고버섯 2개 ·죽순(whole) 50g ·홍고추(생) 1개 ·청피망(75g 정도) ½개
·대파 1토막 ·마늘 3쪽 ·생강 3g ·건고추 2개

조미료 ·고추기름 30㎖ ·진간장 15㎖ ·청주 15㎖ ·굴소스 10㎖ ·육수 100㎖
·흰후춧가루 1g ·백설탕 10g ·참기름 5㎖ ·녹말가루 10g ·식용유 200㎖

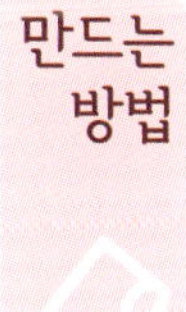

만드는 방법

1. 돼지고기(삼겹살)는 끓은 물에 한번 삶아 낸 뒤 길이 4cm, 두께 0.5cm 정도의 편으로 썰어 놓는다. 모든 채소도 어슷하게 편으로 썰고, 마늘은 편으로, 생강은 다져서 준비해 놓는다(건고추노 2cm 정도 크기로 잘라놓는다.). [그림 1~2]

2. 팬에 돼지고기가 잠길 정도로 식용유를 넣고, 뜨거워지면 편으로 썰어낸 돼지고기를 튀겨낸다. [그림 3]

3. 팬에 고추기름을 두르고 뜨거워지면 먼저 건고추를 넣어 볶다가, 대파, 마늘, 생강을 넣어 볶아준다. 여기에 진간장, 청주로 향을 내고 채소를 넣어 볶는다. [그림 4]

4. 채소가 익으면 볶은 춘장과 튀겨낸 돼지고기를 넣어 같이 골고루 볶으면서, 육수를 찰박하게 붓고 여기에 굴소스, 백설탕, 흰후춧가루로 간을 하고 녹말물과 참기름을 두르고 볶아낸다. [그림 5~6]

* 춘장은 먼저 중불에시 기름에 눈지(타지) 않게 볶아서(익혀) 놓는다.
(기능사 경장육사 만드는 방법 참고 124p)

궁보계정 gōng bǎo jī dīng 宮保鷄丁

주재료 ·닭고기살 150g

부재료 ·건고추 3개 ·깐땅콩(캐슈넛) 50g ·달걀 1개 ·피망 또는 셀러리 1개 ·생강 3g

조미료 ·고추기름 30㎖ ·진간장 10㎖ ·청주 15㎖ ·육수 100㎖ ·백설탕 15g ·굴소스 15㎖
·흑후춧가루 2g ·참기름 5㎖ ·녹말가루 30g ·식용유 300㎖

만드는 방법

1. 닭고기살은 사방 2cm 정도로 썰고, 건고추는 2cm 크기로 썰어 놓는다. 피망 또는 셀러리도 2cm의 크기로 썰어 준비한다. [그림 1]

2. 닭고기살에 진산장, 청주로 밑간하여 달걀과 된녹말을 넣어 잘 버무려 놓는다. [그림 2]

3. 팬에 식용유를 닭고기가 잠길 정도로 넣고, 뜨거워지면 중불에 먼저 깐땅콩을 튀겨내고, 닭고기를 넣어 노릇하게 튀긴다. [그림 3]

4. 팬에 고추기름을 두르고 뜨거워지면 건고추를 넣어 살짝 볶다가, 생강, 진간장, 청주로 향을 내고 깐땅콩, 피망 또는 셀러리를 넣어 볶은 뒤 바로 육수를 붓는다. [그림 4~5]

5. 소스가 끓으면 굴소스, 백설탕, 흑후춧가루로 간을 한 뒤, 녹말물을 풀어서 걸쭉하게 농도를 맞춘다. 여기에 튀겨낸 닭고기를 넣어 참기름을 두르고 볶아낸다. [그림 6]

죽순계편

zhú xún jī piàn

竹荀鷄片

주재료 ·닭가슴살 150g

부재료 ·죽순(whole) 150g ·대파 1토막 ·마늘 3쪽 ·생강 3g ·달걀 1개

조미료 ·식용유 300㎖ ·진간장 10㎖ ·청주 15㎖ ·육수 100㎖ ·굴소스 10㎖
·소금 5g ·흰후춧가루 2g ·참기름 5㎖ ·녹말가루 50g

1. 닭가슴살은 길이 4cm 정도로 얇게 편으로 썰고, 죽순도 5cm 정도 길이의 편으로 썬다. 대파는 4cm 정도의 굵은 채로 썰어놓고, 마늘은 편으로, 생강은 곱게 다져놓는다. [그림 1~2]

2. 썰어놓은 닭가슴살에 진간장, 청주로 밑간하여 달걀과 녹말가루를 넣고 버무린다. 팬에 닭가슴살이 잠길 정도의 식용유를 붓고 뜨거워지면, 닭가슴살을 넣어 중불에 익혀낸다. [그림 3~4]

3. 죽순은 먼저 끓는 물에 데쳐준 뒤 물기를 제거해 놓는다. 팬에 식용유를 넣고 뜨거워지면 먼저 대파, 마늘, 생강을 넣어 볶다가 진간장, 청주로 향을 낸 후 죽순을 넣어 볶는다. [그림 5]

4. 죽순이 익으면 여기에 육수를 붓고 굴소스, 조미료 간을 한 다음 소스가 끓으면 익혀낸 닭가슴살을 넣고 녹말물을 풀어 걸쭉하게 한 뒤 참기름을 두르고 볶아낸다. [그림 6~7]

가상두부 jiā cháng dòu fǔ 家常豆腐

주재료 ·두부 150g ·돼지고기(살코기) 50g

부재료 ·표고버섯 2개 ·죽순(whole) 30g ·피망 ½개 ·홍고추(생) 1개
·양송이(whole) 2개 ·대파 1토막 ·마늘 3쪽 ·생강 3g ·달걀 1개

조미료 ·고추기름 30㎖ ·진간장 15㎖ ·청주 15㎖ ·두반장 15g ·육수(또는 물) 150㎖
·굴소스 15㎖ ·흰후춧가루 2g ·소금 3g ·녹말가루 50g ·참기름 5㎖ ·식용유 400㎖

<table>
<tr><td rowspan="2">만드는
방법</td></tr>
</table>

만드는 방법

1. 두부는 사방 5cm, 두께 1cm 정도의 삼각모양으로 썰어놓고, 돼지고기는 납작하게 편으로 썰어놓는다. 모든 채소는 길게 편으로 썰고, 마늘은 편으로, 생강은 다져서 준비한다. [그림 1~2]

2. 편으로 썬 돼지고기는 진간장, 청주로 밑간하여, 달걀과 녹말가루로 잘 버무려 놓는다. 두부는 뜨거운 식용유에 노릇하게 튀겨주고, 밑간한 돼지고기노 튀겨낸다. [그림 3~4]

3. 팬에 고추기름을 두르고 뜨거워지면 대파, 생강, 마늘을 넣어 볶다가 진간장, 청주로 향을 내고 채소를 순서대로 넣어 볶는다. 그 후에 바로 두반장을 넣어 볶다가 육수를 붓고, 조미료로 간을 한다. [그림 5]

4. 소스가 끓으면 튀겨낸 두부와 고기를 넣고 녹말물을 넣어 걸쭉하게 되면 참기름을 두르고 버무려 낸다. [그림 6~7]

깐풍육 gān pēng ròu 干烹肉

주재료 ·돼지등심(살코기) 150g ·달걀 1개 ·녹말가루 100g

부재료 ·건고추 2개 ·피망 1개 ·홍고추(생) 1개 ·대파 1토막 ·마늘 5쪽 ·생강 3g

조미료 ·식용유 600㎖ ·육수 60㎖ ·진간장 15㎖ ·청주 15㎖ ·굴소스 15㎖ ·백설탕 20g
       ·식초 15㎖ ·흑후춧가루 2g ·참기름 5㎖

1. 돼지고기는 4cm×1cm 정도의 크기로 썰고, 채소도 작은 크기로 썬다. 생강은 다져놓고, 건고추는 2cm 정도 크기로 잘라놓는다. [그림 1~2]

2. 썰어놓은 돼지고기에 진간장, 청주로 밑간을 한다. 밑간 후, 달걀, 녹말가루를 넣어서 튀김옷을 입히고 바삭하게 두 번 정도 튀겨준다. [그림 3~4]

3. 팬에 식용유를 두르고 뜨거워지면 먼저 건고추를 넣어서 살짝 볶다가 모든 채소를 넣고 볶는다. 뒤에 진간장, 청주, 육수와 조미료를 같이 넣고 바로 튀긴 돼지고기를 넣어 빨리 볶아낸다. [그림 5~7]

쨴교자 煎餃子

jiān jiǎo zǐ

주재료 ·돼지등심(다진 살코기) 50g ·조선부추 30g ·대파 1토막 ·생강 5g

만두피 ·밀가루 100g ·소금 10g ·물 50㎖

조미료 ·굴소스 10㎖ ·진간장 20㎖ ·청주 10㎖ ·소금 10g ·흑후춧가루 3g ·참기름 5㎖ ·식용유 200㎖

만드는 방법

1. 돼지등심에 조미료, 다진 대파, 다진 생강을 넣고 잘 치대서 고기를 부드럽게 풀어준 뒤, 여기에 송송 썬 부추를 넣어 만두 소를 만든다. [그림 1~2]

2. 밀가루는 끓은 물에 소금 약간을 넣고 반죽하여 젖은 면포로 덮어 둔 뒤, 다시 잘 치대서 가래떡처럼 길게 늘인다. 밤알 크기로 떼어서 둥글고 얇게 직경 7cm 정도의 만두피를 만든다. [그림 3]

3. 만두피에 만두소를 적당히 담아 왼손에 올려놓고, 오른쪽 엄지와 두 번째 손가락으로 집어가며 주름을 만들어 만두피에 붙여준다. [그림 4~6]

4. 김이 오른 찜통에 8분간 쪄낸 뒤 식혀서 팬에 식용유를 붓고 뜨거워지면 찐 만두를 하나씩 넣어 노릇하게 튀겨지면 접시에 담아낸다. [그림 7~8]

사과빠스

拔絲苹果

주재료 ·사과(중) 1개 ·달걀 1개 ·밀가루(중력) 200g
부재료 ·식용유 600㎖ ·백설탕 100g

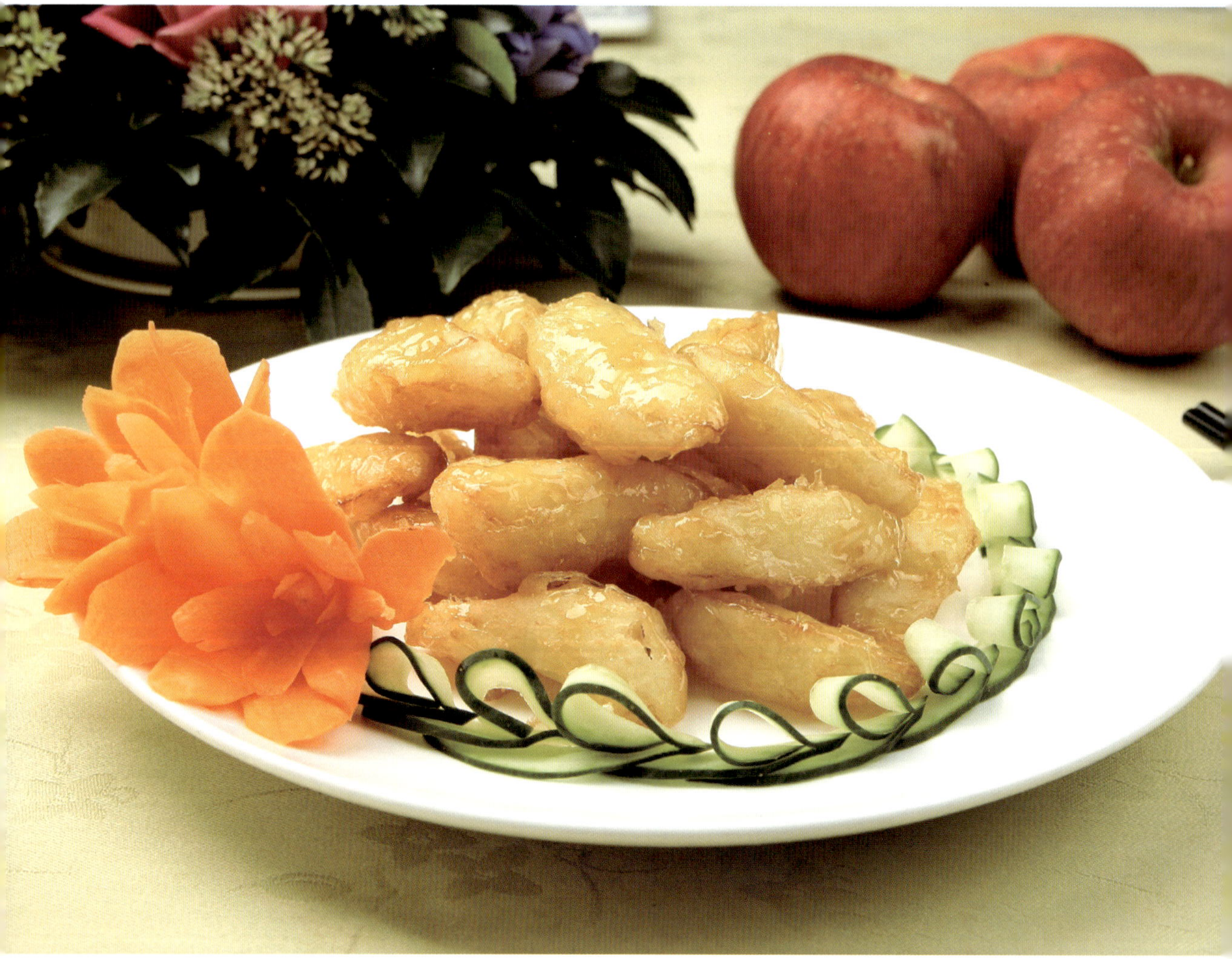

만드는 방법

1. 사과는 껍질을 벗긴 후, 반을 잘라서 씨 부분을 도려내고 사방 3cm 크기의 다각형으로 썬다. [그림 1]

2. 달걀을 풀어서 사과에 골고루 버무린 후, 하나씩 밀가루를 묻혀 끓는 물에 살짝 데쳐 바로 꺼낸다. 다시 밀가루를 두 번 정도 반복하여 묻혀 놓는다. [그림 2~4]

3. 170℃ 식용유에 밀가루를 묻힌 사과를 노릇하게 빨리 튀겨낸다. [그림 5]

4. 팬에 식용유를 두르고 온도가 오르면 백설탕을 넣어 서서히 녹인다. 갈색이 나는 시럽이 되면 튀겨낸 사과를 넣어 재빨리 버무려낸다. [그림 6~7]

최신 중국 고급 요리

4

오향장육 五香醬肉

wǔ xiāng jiàng ròu

주재료 ·돼지고기 사태 1kg

부재료 (향신료) ·대파 2대 ·생강 5g ·월남고추 3개 ·팔각 2개 ·통후추 5알

조미료 (장육소스) ·육수(또는 물) 600㎖ ·진간장 150㎖ ·청주 60㎖ ·설탕 50g ·노두유 15㎖ ·고추기름 15㎖

만드는 방법

1. 돼지고기 사태는 한 덩어리씩 비계를 제거하고, 부재료인 채소 및 향신료를 준비한다. [그림 1~2]

2. 비계를 제거한 돼지고기 사태는 끓는 물에 삶아서 건진다. [그림 3]

3. 삶은 돼지고기 사태를 흩어지지 않게 실로 잘 묶는다. [그림 4]

4. 팬에 육수를 붓고, 장육소스 양념을 넣어서 장육소스를 끓인 뒤, 돼지고기 사태와 향신료를 넣고 중불에서 40분 정도 끓인다. [그림 5~6]

5. 장육이 완전히 익었는지 젓가락으로 가운데를 찔러서 확인하고, 대파, 생강, 팔각 등은 건진다. 돼지고기 사태는 식힌 다음 편육으로 얇게 썰어서 접시에 담고, 고추기름을 편육 위에 약간 끼얹는다. [그림 7]

* 상기 조리법은 일반음식점에서 쇠고기 사태로 작업하는 과정이다.

* 양배추를 곱게 채 썰고, 또는 오이를 살짝 으깨서 2cm 정도의 크기로 썰어서 접시 가장자리에 올려 담아도 좋다.

* 장육소스가 식으면 간장소스가 묵처럼 되는데, 이 묵을 편육에 올려서 이용하면 오향소스의 맛을 더욱 즐길 수 있다. 고수와 파채를 썰어서 올려 담고, 마늘소스를 곁들여 주면 더욱 좋다.

닭고기냉채(쇼끼) 燒鷄
shāo jī

주재료 ·닭 1마리(1kg)

부재료 ·오이 ½개 ·팔각 2개 ·고수 5g ·대파 2토막 ·건고추 2개 ·생강 10g

조림소스 ·청주 60㎖ ·진간장 200㎖ ·육수 800㎖ ·물엿 50㎖

전처리용 (닭표면에 바르는 양념) ·토마토케첩 100g ·해선장 50㎖ ·식용유 500㎖

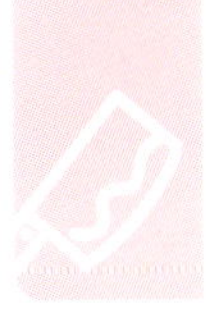

만드는 방법

1. 그릇에 토마토케첩, 해선장을 혼합하여 소스를 만들어 닭 표면에 골고루 바른다. [그림 1~2]

2. 160℃ 식용유에서 갈색이 나게 튀긴다. [그림 3]

3. 튀긴 닭을 사각 팬에 담고, 조림소스를 끓여서 붓는다. 여기에 팔각, 대파, 생강을 띄워서 끓은 찜통에 1시간 정도 찐다(냄비에 담아 중불에서 40분 정도 끓여도 된다). [그림 4~5]

4. 조림소스에 잠긴 닭이 잘 익었으면 식힌 후, 먹기 좋은 크기로 썰어서 오이 위에 담고 고수를 잘게 썰어 뿌린다.

* 약간의 마늘소스를 만들어서 곁들어 먹으면 좋다.

삼품냉채 三品冷盤

sān pǐn lěng pán

주재료 ·해파리 100g ·중새우 4마리 ·송화단 2개

부재료 ·오이 1개 ·파슬리 10g ·당근(조각용 큰 것) 1개 ·대파 1토막 ·생강 50g(새우 삶을 때 사용)

마늘소스 ·육수(또는 물) 75㎖ ·백설탕 15㎖ ·소금(정제염) 7g ·식초 45㎖ ·마늘(중, 깐 것) 3쪽 ·참기름 5㎖

겨자소스 ·겨자 20g ·육수(또는물) 20㎖ ·백설탕 15g ·식초 30㎖ ·소금(정제염) 2g ·참기름 5㎖

만드는
방법

1. 해파리는 끓는 물에 살짝 데쳐서 흐르는 물에 담가서 불린다. 송화단은 뚜껑을 조금 열어놓고 찐다. 중새우는 내장을 빼고 끓은 물에 대파, 생강을 넣고 삶아서 그릇에 담아 식힌다. [그림 1~3]

2. 중새우는 껍질을 벗겨서 반으로 썬다. 송화단은 8등분으로 썰고, 오이 $\frac{2}{3}$는 채로, $\frac{1}{3}$은 편으로 썬다. [그림 4~5]

3. 오이채와 해파리는 잘 무쳐서 접시에 올리고, 삶은 중새우는 해파리 주위로 보기 좋게 송화단과 같이 담는다. 당근 꽃은 깎아서 파슬리와 어울리게 장식한다. 마늘소스는 해파리에, 겨자소스는 새우에 잘 끼얹는다. [그림 6~7]

모듬냉채 什錦冷盤

shí jǐn lěng pán

주재료 ·중새우 3마리 ·전복 2개 ·닭고기(쇼끼) 300g ·송화단 1개 ·오향장육 100g ·장조림소라 50g ·해파리 100g

부재료 ·오이 1개 ·파슬리 20g

토마토케첩 소스 ·토마토케첩 30g ·설탕 10g ·마늘(다진 것) 2쪽 ·샐러리(다진 것) 10g ·고추기름 15㎖

모듬 냉채라는 뜻으로 원래 열십자(十)를 써서 '십금냉반'으로 열가지정도의 다양한 맛의 냉채를 말한다. 중국 냉채 요리에는 두 가지 냉채, 세 가지 냉채, 일곱가지(七星) 냉채 등 냉채 종류별로 보면 단일품명일 경우(예: 해파리냉채), 또는 원료의 이름 외에 몇 가지 숫자로 붙여서 나오는(예: 삼품냉채-세 가지 차게 한 요리를 한 접시에 나오는 냉채) 요리가 있다.

냉채별 소스이용 방법

- 해파리, 닭고기냉채: 마늘소스
- 오향장육: 고추기름
- 새우냉채: 겨자소스
- 전복냉채: 토마토케첩소스

만드는 방법

1. 해파리는 끓는 물에 데쳐서 흐르는 물에 담가서 불리고, 송화단은 찐다. 중새우는 내장을 빼고 끓는 물에 대파, 생강을 넣고 삶아준 뒤 식혀서 껍질을 벗겨 반으로 썬다.

2. 전복도 끓는 물에 삶아 찬물에 식혀서 껍질과 내장을 제거 한 후, 편으로 썬다.

3. 오이와 해파리는 잘 무쳐서 접시 중앙에 담고, 편으로 썬 오향장육과 닭고기냉채, 새우, 전복, 송화단, 조림소라 등을 보기 좋게 담고 파슬리로 장식한다.

봉황냉채

fèng huáng pīn pán
鳳凰拼盤

재료

•닭가슴살 150g •당근 100g •삶은 문어다리 100g •메추리알 5개 •표고버섯 3장 •장육(소시지) 100g
•체리 2개 •삶은 달걀 1개 •달걀(노른자) 3개 •셀러리 100g

<table>
<tr><td>

**만드는
방법**

</td><td>

1. 닭가슴살은 삶아서 식혀놓고, 달걀 노른자만 풀어서 찐다. 메추리알도 삶고, 표고버섯, 셀러리는 끓는 물에 한번 데쳐서 찬물에 식혀서 준비한다.

2. 당근은 길이 6cm, 두께 2cm 정도의 크기에 나뭇잎 모양으로 만들어 칼집을 내어 끓는 물에 살짝 넣다 꺼내 식혀서 얇은 편으로 썬다.

3. 먼저 접시 왼쪽부터 새 날개를 한쪽씩 배열하듯 날개 모양을 만든다.

4. 그림과 같이 첫 번째 배열한 재료에 색이 다른 재료를 두 겹, 세 겹, 네 겹을 이어 붙여 날개모양을 완성한다.

5. 그 다음 삶은 닭고기로 몸통을 만들고 오른쪽 날개도 만든다.

6. 눈과 다리 부분은 표고버섯으로 만들고, 새 부리는 당근이나 찐 달걀 노른자로 만들어 끼운다.

7. 꼬리 부분은 장육(소시지), 삶은 문어다리, 메추리알, 셀러리 등으로 한쪽씩 얇게 썰어 그림과 같이 장식하여 완성한다.

</td></tr>
</table>

✓ **봉황냉채(鳳凰拌盤)란?**

중국 연회 요리에서 화려함을 보여주는 냉채요리 중 하나이다. 찬 음식에 사용하는 재료를 사용하여 특유의 형태를 섬세하게 만든 것이 특징으로, 여러 종류의 상징 모양을 만들어 그 날 연회를 베푸는 고객에게 기쁨과 축복을 기원하는 작품 요리다. * 예: 백학(白鶴), 공작(孔雀), 원앙(鴛鴦) 냉채 등

백학송수냉채

bái hè sōng shu pīn pán
白鶴松樹拼盤

재료

·중새우 5마리 ·오이 1개 ·닭가슴살 150g ·당근 100g
·표고버섯 5장 ·송화단 2개 ·체리 2개 ·파슬리 10g

<table><tr><td>만드는
방법</td><td>

1. 닭가슴살은 삶아서 식혀놓고, 중새우는 삶아서 반으로 썰어 놓는다. 송화단은 쪄서 준비하고, 표고버섯은 끓는 물에 데쳐서 찬물에 식혀서 준비한다.

2. 당근은 길이 6cm, 두께 2cm 정도의 크기에 나뭇잎 모양으로 만들어 칼집을 내어 끓는 물에 살짝 넣다 꺼내 식혀서 얇은 편으로 썬다.

3. 먼저 썬 당근으로 왼쪽부터 새 날개를 한쪽씩 배열하듯 날개 모양을 만든다.

4. 그림과 같이 첫 번째 배열한 날개에 이어 두 번째도 같은 방향으로 붙여 날개 모양을 완성한다.

5. 삶은 닭가슴살로 몸통을 만들고 오른쪽 날개도 만든다.

6. 새 부리, 다리, 꼬리 부분은 오이로 만든다. 표고버섯으로 소나무 모양을 만들고, 오이는 얇게 썰어 솔잎 모양을 만들어 나뭇가지에 붙인다.

7. 나무 밑 부분에 중새우와 송화단, 체리, 파슬리를 잘 배열하어 완성한다.

</td></tr></table>

✓ **백학송수냉채(白鶴松樹拼盤)란?**

백학이 소나무에서 유희(遊戱)를 즐기는 모습을 냉채 재료로 만들어 표현하였다. 중국 연회 요리에 화려함을 보여주는 전채(前菜)요리로 기쁨과 축복을 기원하는 작품 요리이다.

불도장

fu tiào qiáng

佛跳墙

재료 1 (해산물) ·전복 1개 ·샥스핀 50g ·대하 1미 ·불린 패주 1개 ·불린 해삼 1쪽

재료 2 (보양물) ·동충하초 1개 ·녹각 1쪽 ·구기자 5개 ·산마 1쪽 ·인삼 1쪽 ·죽생 1개 ·대추 1개 ·오골계 100g

재료 3 (채소류) ·배추 10g ·자연 송이버섯 1개 ·초고버섯 1개 ·생강 1쪽

조미료 (원탕) ·원탕 2컵 ·소흥주 1큰술 ·소금 1큰술 ·후춧가루 약간

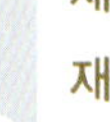

불도장의 유래는 청나라 광서(光緒) 2년(서기 1876년) 복주 양교항(福州 揚橋巷)의 한 한관(閑官)의 집에서 연회를 베푸는 과정에 관원의 처가 직접 주방에서 만든 요리이다. 닭, 오리, 돼지내장, 돼지족, 양고기 등 20여 종류를 넣고, 거기에 소흥주(紹興酒) 한 병을 넣어 만들었다. 연회가 끝나고 이 요리가 여러 사람에게 극찬을 받았다. 그 후 당대 유명한 요리사인 정춘발(鄭春發)이 관원부인을 몇 차례 찾아와 비법을 배웠다. 나중에 주재료로 해산물을 많이 이용하고, 육류는 조금만 넣어 맛을 더욱 담백하고 느끼하지 않게 만들어 냄으로써 불도장이란 요리가 더욱 유명해지기 시작하였다 전해진다.

만드는 방법

1. 재료2를 손질한 후 불도장 그릇에 담고, 그 다음에 재료3의 채소류를 데쳐서 넣는다. [그림 1]

2. 원탕을 조미료로 간을 하여 끓인 뒤, 불도장 그릇에 붓는다. [그림 2]

3. 마지막에 재료1의 해산물을 보기 좋게 올려 담고, 뚜껑을 덮어서 찜통에 2시간 정도 찐다.

제비집수프

qīng tāng yàn wō

清湯燕窩

주재료 ·제비집 10g(2인분)

조미료 ·육수(원탕) 2컵 ·청주 15㎖ ·소금 10g ·후춧가루 1g ·녹말물 10g

전처리 과정 

1. 마른 제비집을 용기에 담고, 깨끗한 물을 끓여서 부은 다음, 랩으로 덮어서 1~2시간 정도 불린다. [그림 1~3]

2. 잘 불린 제비집에 남아있는 제비 깃털 및 이물질을 핀셋으로 제거하고, 다시 용기에 담아 끓는 물을 부어 찜통에서 30분간 찐다. [그림 4~6]
   * 사용하고 남은 제비집은 깨끗이 포장하여 보관(냉동)한다.

만드는 방법

1. 깨끗한 팬에 원탕을 붓고, 잘 불린 제비집을 넣어서 소금 간을 한 뒤, 끓으면 녹말물을 풀어서 약간 걸쭉하게 만든 뒤 담아낸다. [그림 1~6]

* 제비집은 풍부한 단백질과 철, 염 등 광물질을 함유한 영양 식재료로, 폐(肺), 기침, 염증, 건위(健胃) 등에 효능이 좋다.

* 제비집 요리를 만드는 조리 과정에 기름을 과다 첨가하는 것은 절대 금물이다.

✓ **제비집의 종류(燕窩種類)**

* 백연(白燕, bái yàn): 백연 또는 관연(官燕, guǎn yàn)이라고도 한다. 최고급품으로 색이 희고, 잡물이 생기지 않는다. 동남아의 라오스, 태국 등지에서 주로 많이 나온다. [그림 재료]

* 혈연(血燕, xie yàn): 홍연(紅燕, hóng yàn)이라고도 한다. 붉은 색이며 약제(藥劑)로 많이 사용한다. [그림 재료 중 붉은색]

* 모연(毛燕, máo yàn): 회연(灰燕, huī yàn)이라고도 한다. 회색빛을 띠고 제비 털과 잡물이 섞인 중급품이다.

* 연사(燕絲, yàn sī): 형태가 흐트러지고 이물질이 많이 섞인 하급 품이다.

비취해선탕

fěi cuì gàn bèi
翡翠干貝

주재료 ·건패주 6개 ·게살 100g

부재료 ·시금치 150g ·마늘 5쪽 ·달걀 흰자 3개

조미료 ·육수 2컵 ·청주 15㎖ ·소금 10g ·후춧가루 2g ·참기름 5㎖ ·녹말가루 30g ·식용유 400㎖

**만드는
방법**

1. 게살은 손으로 찢어서 준비하고, 시금치는 씻어서 뿌리를 자른다. 마늘은 다
   지고, 달걀은 흰자만 준비한다.

2. 먼저 패주를 그릇에 담아 육수 1컵을 붓고 찜통에서 20분간 찐다. [그림 1]

3. 믹서에 시금치와 물을 조금 넣고 갈아주거나 칼로 곱게 다진다. [그림 2]

4. 갈은 시금치는 물기를 짜서 달걀 흰자와 혼합하여 치대어 놓는다. [그림 3]

5. 120℃ 식용유에 시금치반죽을 천천히 저어가며 완두콩 크기 입자로 올라오
   게 튀겨서 기름채에 따라낸다. [그림 4]

6. 팬에 다진 마늘을 넣고 천천히 볶다가 미리 찜통에 쪄낸 패주 물을 붓는다.
   [그림 5]

7. 여기에 곱게 찢은 패주와 게살을 넣고 육수를 부어 간을 한다. [그림 6]

8. 마지막에 익혀낸 시금치를 넣고, 녹말물로 걸쭉하게 만들어 참기름을 두르고
   낸다. [그림 7~8]

서호삼선갱

xī hú sān xiān gēng

西湖三鮮羹

주재료 ·중새우 150g ·게살 100g ·패주 1개 ·달걀 흰자 1개

부재료 ·목이버섯 2개 ·죽순 30g ·송이버섯 1개 ·대파 ¼대 ·청경채 1개 ·생강 3g ·고수 1줄기

조미료 ·파기름 15㎖ ·육수 2컵 ·간장 5㎖ ·청주 15㎖ ·후춧가루 2g ·소금 10g ·녹말가루 30g ·참기름 5㎖

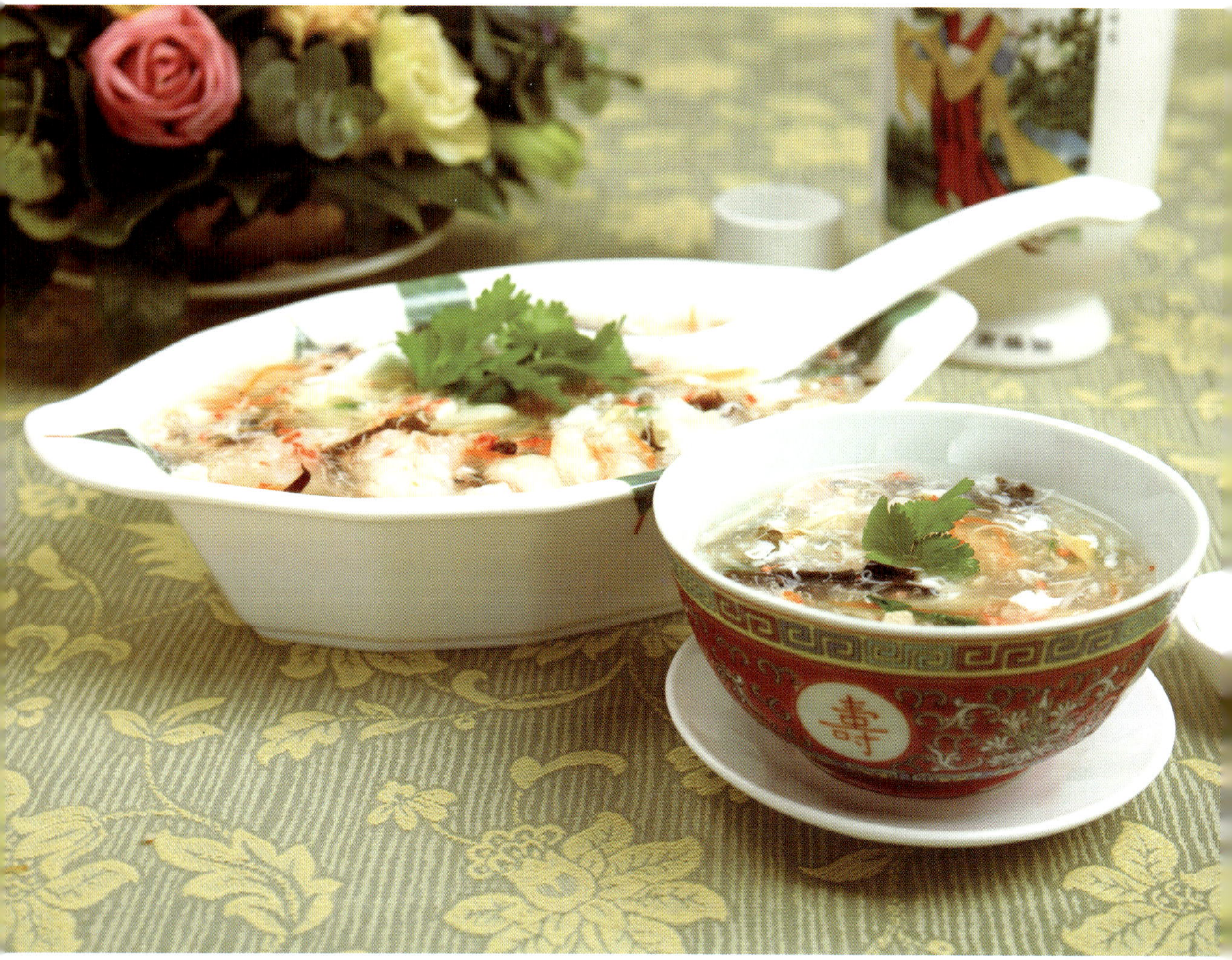

만드는 방법

1. 모든 채소는 곱게 채 썰고, 중새우는 껍질을 제거하고 칼로 살짝 으깬다. 게살은 손으로 찢어주고, 패주는 굵게 채썬다. [그림 1~2]

2. 으깬 새우에 녹말가루를 묻히고, 대파와 생강을 제외한 채소는 끓는 물에 살짝 데친다. [그림 3~4]

3. 팬에 파기름을 넣고 뜨거워지면, 먼저 파와 생강을 넣어 향을 내고, 바로 청주와 육수를 부은 뒤 채소를 넣고 끓인다. [그림 5]

4. 채소가 끓으면 조미료로 간을 하고, 바로 새우와 게살, 패주를 넣고 끓인다. [그림 6]

5. 탕이 끓어오르면 녹말물로 걸쭉하게 한 뒤, 달걀 흰자만 풀어서 넣고, 후춧가루와 참기름을 두르고, 고수는 마지막에 뿌려준다. [그림 7]

* 새우는 살짝 으깨고, 끓이는 과정은 질감과 모양을 더욱 부드럽게 표현하는 조리 방법이다.

* 갱(羹. gēng)이란 탕(湯)보다 약간 걸쭉하게 만드는 수프를 말한다.

삼선탕

sān xiān tāng

三鮮湯

주재료 ·전복 1개 ·중새우 2마리 ·패주 1개 ·소라 1개

부재료 ·표고버섯 1개 ·죽순 60g ·송이버섯 1개 ·청경채 1개 ·오이 30g ·대파 ½개 ·생강 3g

조미료 ·육수 2컵 ·간장 5㎖ ·청주 15㎖ ·소금 10g ·후춧가루 2g ·참기름 5㎖

만드는 방법

1. 전복, 패주, 중새우는 얇게 편으로 썰고, 모든 채소도 작은 크기의 편으로 썬다. 대파는 송송 썰고, 생강은 다진다. [그림 1~3]

2. 모든 해산물을 끓는 물에 살짝 데친다. [그림 4]

3. 팬에 육수를 붓고 대파와 오이를 제외한 채소, 해물을 넣고 참기름을 제외한 조미료로 간을 한다. [그림 5]

4. 탕이 끓어오르면 썰어놓은 오이와 참기름을 두르고 대파를 뿌려 담는다. [그림 6]

게살샥스핀스프

xiè ròu yu chì tāng
蟹肉魚翅湯

주재료 (2인분) ·샥스핀(냉동) 70g ·게살 100g ·달걀 흰자 1개 ·생강 5g

조미료 ·파기름 15㎖ ·청주 15㎖ ·육수 2컵 ·소금 5g ·후춧가루 2g ·참기름 5㎖ ·녹말가루 30g

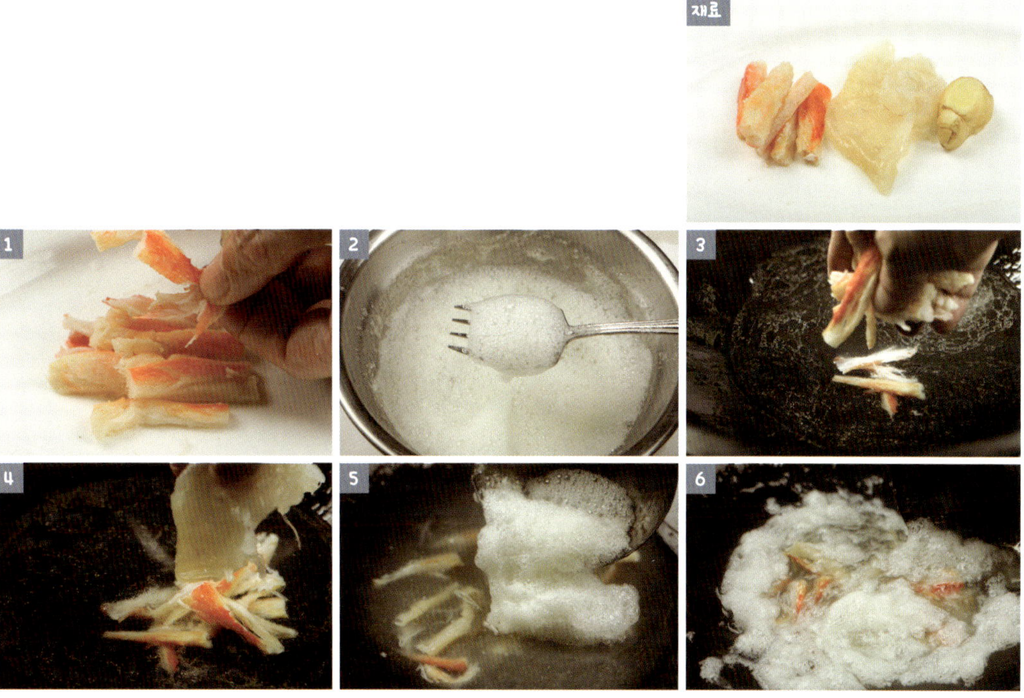

1. 게살은 가늘게 찢고, 샥스핀은 끓는 물에 살짝 데친다. [그림1]

2. 달걀 흰자를 그릇에 담아 거품이 생길 정도로 한쪽으로 잘 저어주고, 생강은 곱게 다진다. [그림 2]

3. 팬에 파기름을 두르고 뜨거워지면 다진 생강과 청주를 넣어 향을 낸 뒤, 바로 육수를 붓고 게살과 샥스핀을 넣는다. 여기에 조미료로 간을 하고 중불에서 끓인다. [그림 3~4]

4. 팬에 수프가 끓어오르면 녹말물을 조금씩 풀어 농도를 맞춘 뒤, 거품 낸 달걀 흰자를 넣고 잘 저어서 참기름을 두르고 그릇에 담아낸다. [그림 5~6]

* 샥스핀(상어 지느러미)은 중국요리를 대표하는 고급 재료 중의 하나로 중국요리 재료상에서 구입할 수 있다.

* 마른 샥스핀과 냉동 샥스핀 두 가지를 판매하는데, 마른 샥스핀을 손질하는 것은 너무 어렵고 복잡하므로 반드시 냉동 샥스핀을 구입한다. 그중에서도 실처럼 손질된 수프용을 구입하면 사용이 편리하다.

* 샥스핀 전처리 과정 참조 66p

게살팽이버섯수프

xiè ròu jīn zhēn tāng
蟹肉金針湯

주재료 (2인분) ·게살 100g ·달걀 흰자 2개 ·팽이버섯 ½봉 ·생강 3g

조미료 ·파기름 15㎖ ·청주 15㎖ ·육수 2컵 ·소금 10g ·후춧가루 2g ·녹말가루 30g ·참기름 5㎖

만드는 방법

1. 게살은 가늘게 찢어놓고, 팽이버섯은 밑둥을 제거한다. 생강은 다져서 준비한다. [그림 1]

2. 달걀 흰자를 그릇에 담아 거품이 생길 정도로 한쪽으로 잘 저어준다. [그림 2]

3. 팬에 파기름을 두르고 뜨거워지면 다진 생강과 청주를 넣어 향을 낸 뒤, 바로 육수를 붓는다. 팽이버섯과 소금, 후춧가루로 간을 하여 중불에서 끓인다. [그림 3]

4. 탕이 끓으면 여기에 게살을 넣고, 녹말물을 조금씩 풀어 농도를 맞춘 뒤, 거품 낸 달걀 흰자를 넣고 잘 저어서 참기름을 두르고 그릇에 담아낸다. [그림 4~6]

샥스핀 찜
(상어 지느러미)

紅燒排翅

주재료 (1인분) ·샥스핀(냉동) 200g

부재료 ·청경채 1개 ·숙주나물 50g ·생강 3g ·식용유 15㎖

조미료 ·파기름 15㎖ ·육수 100㎖ ·간장 10㎖ ·청주 15㎖ ·굴소스 10㎖
·후춧가루 1g ·로두유 3㎖ ·녹말가루 30g ·참기름 5㎖

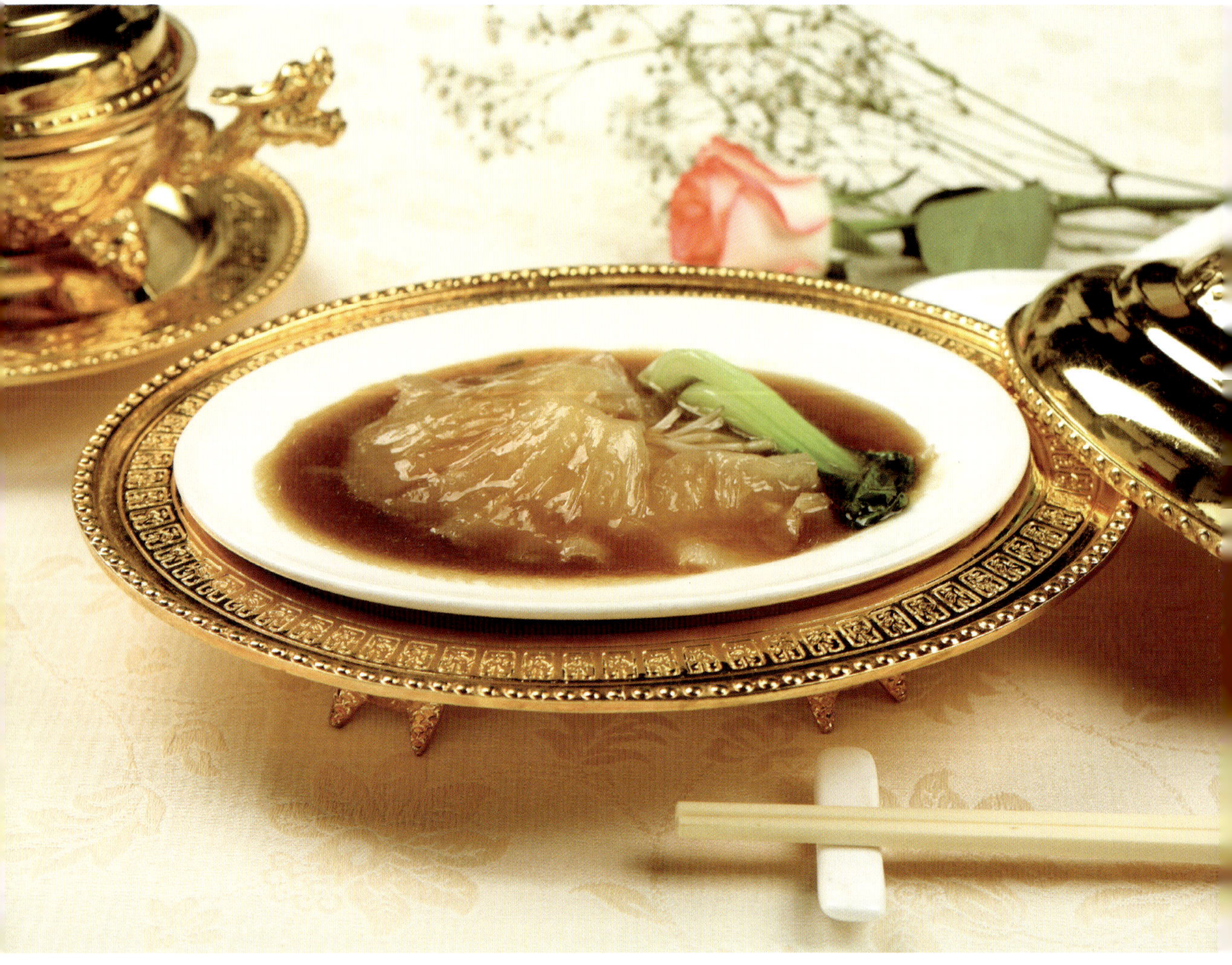

<table>
<tr><td></td></tr>
</table>

만드는 방법

1. 전처리 과정을 거친 샥스핀을 먼저 쪄서 준비하고, 청경채와 숙주나물은 다듬어서 씻고 생강은 다져서 준비한다.

2. 팬에 식용유를 살짝 두르고 먼저 숙주나물을 볶은 뒤, 바로 끓는 물에 데친 청경채를 넣어 다시 살짝 볶는다. 그리고 육수 2큰술, 소금 약간을 넣어 녹말물로 살짝 버무러서 접시에 담는다. [그림 1~3]

3. 잘 쪄낸 샥스핀은 물기를 제거한 후, 숙주에 올려 담는다. [그림 4]

4. 팬에 파기름을 넣고 뜨거워지면 생강을 넣고 간장, 청주로 향을 내고 바로 육수를 붓는다. 여기에 굴소스, 조미료로 간을 하고, 끓으면 녹말물로 걸쭉하게 홍소소스를 만들어 샥스핀 위에 잘팍하게 끼얹어낸다. [그림 5~6]

* 샥스핀(냉동)은 전처리 조리를 거쳐서 홀(덩어리)로 사용하여야 한다.

* 홍소소스를 만들 때는 소스의 농도와 색상에 유의한다.

해분어치

hǎi   fěn   yu   chì

海粉魚翅

주재료 ·샥스핀(냉동) 100g ·불린 해삼 150g ·게살(냉동) 50g ·새우살 80g ·돼지고기 50g

전처리 재료 ·달걀 1개 ·녹말가루 20g ·식용유 200㎖

부재료 ·표고버섯 2장 ·죽순 60g ·청경채 1개 ·팽이버섯 ½봉 ·생강 3g ·대파 1토막

조미료 ·파기름 60㎖ ·청주 15㎖ ·소금 10g ·후춧가루 2g ·육수 100㎖ ·녹말가루 30g ·참기름 5㎖

만드는 방법

1. 게살은 해동시켜 굵게 찢어놓는다. 불린 해삼과 청경채, 죽순은 곱게 채 썰어 끓는 물에 살짝 데쳐준다. 대파, 생강은 채로 썰고, 팽이버섯은 뿌리부분을 제거한다.

2. 새우살과 돼지고기는 밑간하여 달걀과 녹말가루를 묻혀서 기름에 튀겨낸다.

3. 팬에 파기름을 넣고 뜨거워지면 대파, 생강을 넣어 볶다가 청주로 향을 내고 바로 해삼, 죽순, 표고버섯, 팽이버섯을 넣어 골고루 볶고 육수를 붓는다. 채소가 익으면 조미료로 간을 한다. 여기에 튀겨 낸 새우살과 돼지고기를 넣은 뒤, 녹말물을 넣고 볶아서 접시에 담는다. [그림 1~3]

4. 팬에 파기름을 넣어 뜨거워지면 대파, 생강을 넣어 바로 게살과 육수를 부어서 소금으로 간을 한다. [그림 4]

5. 팬에 소스가 끓으면 녹말물로 걸쭉하게 하고, 바로 거품 낸 달걀 흰자와 샥스핀을 넣어 살짝 볶은 뒤, 참기름을 두르고 미리 담아낸 요리 위에 소복이 얹어준다. [그림 5~8]

* 새우와 돼지고기는 전처리(튀겨서) 준비에 유의한다.

* 해분은 게살을 의미하는 뜻으로 마무리에 고추기름을 뿌려내기도 한다.

삼선어치

sān xiān yú chì
三鮮魚翅

주재료 ·샥스핀(냉동) 150g ·불린 해삼 1마리 ·전복, 패주 1개씩 ·중새우 5마리 ·쇠고기 50g
·달걀 1개 ·녹말가루 10g ·식용유 200㎖

부재료 ·표고버섯 3개 ·죽순 60g ·청경채 1개 ·대파 1개 ·마늘 3쪽 ·생강 3g

조미료 ·파기름 60㎖ ·간장 15㎖ ·청주 15㎖ ·육수 100㎖ ·굴소스 15㎖ ·로두유 5㎖ ·후춧가루 2g
·녹말가루 60g ·참기름 5㎖

만드는 방법

1. 불린 해삼, 전복, 패주, 표고버섯, 죽순은 모두 얇게 편으로 썬다. 쇠고기도 편으로 썰고, 샥스핀도 준비한다.

2. 중새우는 칼집을 내고 쇠고기와 같이 밑간하여 달걀, 녹말가루를 묻혀서 먼저 식용유에 살짝 익혀 낸다. [그림 1]

3. 주재료의 해물과 부재료의 채소를 끓는 물에 한번 데쳐서 조리에 받쳐준다.

4. 팬에 파기름을 넣고 기름이 뜨거워지면 대파, 마늘, 생강을 넣어 볶다가, 간장으로 향을 내고 바로 데쳐낸 재료를 넣어 청주와 같이 골고루 볶아준다. [그림 2~3]

5. 채소가 익으면 육수를 붓고 여기에 조미료, 굴소스, 후춧가루로 간을 한 뒤, 먼저 익혀낸 새우와 쇠고기를 넣고 녹말물을 풀어 볶아서 접시에 담는다. 그 위에 샥스핀을 물기 없이 해산물 위에 올려 담는다. [그림 4~5]

6. 다시 팬을 깨끗이 한 뒤, 파기름(2큰술)을 넣어 뜨거워지면 대파, 생강, 간장으로 향을 내고 육수를 붓는다. 굴소스로 간을 한 뒤, 녹말물을 풀어 파기름과 잘 혼합되면 샥스핀 위에 충분히 끼얹어낸다. [그림 6~8]

홍소어치 紅燒魚翅

hóng shāo yú chì

주재료 ·샥스핀(냉동) 150g ·불린 해삼 150g ·중새우 5마리 ·쇠고기 70g

전처리 재료 ·달걀 1개 ·녹말가루 20g ·식용유 200㎖

부재료 ·표고버섯 2개 ·죽순 60g ·팽이버섯 ½봉 ·대파 1토막 ·마늘 3쪽 ·생강 2g

조미료 ·파기름 60㎖ ·간장 30㎖ ·청주 30㎖ ·육수 100㎖ ·굴소스 30㎖ ·로두유 5㎖
·후춧가루 2g ·녹말가루 50g ·참기름 5㎖

만드는 방법

1. 표고버섯, 죽순, 불린 해삼, 쇠고기는 모두 채로 썬다. 대파, 마늘, 생강도 채로 썰어서 준비한다. 냉동 샥스핀는 해동해서 준비한다. [그림 1]

2. 중새우는 쇠고기와 같이 밑간하여 달걀, 녹말가루를 묻혀서 식용유에 먼저 튀겨낸다. [그림 2]

3. 불린 해삼채와 채소는 끓는 물에 한번 데쳐서 조리에 받쳐낸 뒤, 팽이버섯을 섞는다.

4. 팬에 파기름을 넣고 뜨거워지면 대파, 마늘, 생강을 넣어 볶다가 간장으로 향을 내고, 바로 데쳐낸 재료를 넣는다. 청주와 같이 골고루 볶아준 뒤, 중새우와 쇠고기를 넣고 간을 하여 볶는다. [그림 3~4]

5. 볶은 재료에 녹말물을 풀어서 접시에 미리 담고, 그 위에 불려놓은 샥스핀을 물기 없이 올려놓는다. [그림 5]

6. 다시 팬을 깨끗이 한 뒤, 파기름을 넣어 뜨거워지면 대파와 생강은 다져서 넣고, 간장으로 향을 낸 뒤 바로 육수를 붓는다. 굴소스로 간을 한 뒤, 녹말물을 조금씩 풀어 잘 섞이면 참기름을 두르고 샥스핀 위에 골고루 끼얹어낸다. [그림 6~8]

* 새우와 고기는 미리 전처리(튀겨서) 준비에 유의한다.

* 마무리에 덮어 주는 소스의 농도와 색상에 유의하여야 한다.

해삼·전복

hǎi shēn bào yu
海參鮑魚

주재료 ·불린 해삼 5마리 ·전복 5개

부재료 ·브로콜리 100g ·생강 2g

조미료 ·파기름 30㎖ ·육수 200㎖ ·간장 10㎖ ·청주 15㎖ ·굴소스 15㎖
·로두유 5㎖ ·설탕 10g ·참기름 5㎖ ·녹말가루 30g

<table>
<tr><td rowspan="4">만드는
방법</td></tr>
</table>

만드는 방법

1. 전복은 살짝 삶아서 껍질을 제거하여 잔 칼집을 내고, 불린 해삼은 작은 것으로 골라서 준비한다. [그림 1]

2. 해삼은 원탕에 5분간 삶고, 전복은 원탕에 살짝 데친다. [그림 2~3]

3. 팬에 파기름을 넣고 간장, 청주로 향을 낸 후, 바로 육수를 부어 해삼을 넣고 굴소스, 조미료로 간을 한다. [그림 4~5]

4. 해삼을 조린 뒤, 접시에 해삼과 전복을 담는다. 팬에 남아있는 소스를 녹말물로 걸쭉하게 만든 뒤, 해삼과 전복에 골고루 얹힌다. 브로콜리는 살짝 데쳐서 장식한다. [그림 6~7]

* 전통적으로 불린 해삼 전처리 과정은 원탕(原湯)에서 먼저 해삼을 끓여서 사용한다.

* 전복을 삶을 때는 끓는 물에 빨리 삶고, 조리 할 때는 너무 볶지 말고 살짝 볶아야 한다.

홍소해삼 hóng shāo hǎi shēn 紅燒海參

주재료 ·불린 해삼 5마리

부재료 ·대파 3토막 ·깐마늘 3개

조미료 ·파기름 30㎖ ·육수(원탕) 150㎖ ·간장 10㎖ ·청주 15㎖ ·굴소스 10㎖
·로두유 5㎖ ·설탕 10g ·참기름 5㎖ ·녹말가루 30g

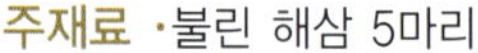

만드는 방법

1. 불린 해삼(작은 짓) 5마리를 준비한다. 대파는 6cm 정도로 통으로 썰고, 마늘은 굵게 저민다.

2. 불린 해삼을 끓는 물에 1분간 삶아서 물기를 제거한다. 해삼은 육수(원탕)를 끓여서 넣고, 소금 간을 하여 다시 1분간 끓여서 그릇에 담는다. [그림 1~2]

3. 팬에 파기름을 두르고 뜨거워지면 통 대파를 넣어 튀긴다. [그림 3]

4. 대파가 갈색이 나게 튀겨지면 마늘을 넣고 다시 볶는다. 마늘이 노릇하게 튀겨지면 간장을 붓고 끓여놓은 해삼을 넣어 볶은 뒤, 바로 청주를 넣고 육수를 부어 조미료로 간을 한다. [그림 4~6]

5. 팬에 해삼이 끓으면 녹말물을 넣어 걸쭉하게 만든 뒤, 참기름을 두르고 접시에 낸다. [그림 7]

* 홍소해삼은 대파를 기름에 튀겨서 우러나오는 향과 불린 해삼이 잘 어우러지게 만드는 조리법이다. 해삼탕이라는 요리는 원탕(原湯)의 진국과 해삼을 끓인 국물을 걸쭉하게 먹는 요리이다.

* 노채(魯菜, lǔ cài)의 특징인 홍소(紅燒) 조리법을 이용한 요리로, 팬을 잘 달궈서 대파와 마늘을 노릇하게 튀겨 해삼에 양념이 잘 스며들게 해야 한다.

폭쌍취

bào shuāng cuì

爆双脆

주재료 ·전복 3개 ·패주 3개 ·식용유 200㎖

부재료 ·표고버섯 3개 ·죽순 100g ·은행 10알 ·청피망 ½개 ·홍피망 ½개 ·대파 1토막 ·마늘 3쪽 ·생강 2g

조미료 ·고추기름 30㎖ ·간장 15㎖ ·청주 15㎖ ·육수 100㎖ ·굴소스 10㎖ ·후춧가루 2g
      ·녹말가루 30g ·참기름 5㎖

1. 전복은 잘 삶아서 내장을 제거한 후, 깨끗이 씻어서 패주와 같이 가로·세로로 칼집을 깊게 넣고 뒤쪽에서 3쪽 정도로 썬다. [그림 1~2]

2. 부재료의 채소는 긴네모꼴로 썰고 마늘은 편으로, 생강은 다진다.

3. 팬에 식용유를 두르고 뜨거워지면 전복과 패주를 넣어 데치고, 바로 채소(청피망, 홍피망, 대파, 마늘, 생강 제외)를 넣고 데쳐서 기름 거름망에 담는다. [그림 3~4]

4. 팬에 고추기름을 두르고 대파, 마늘, 생강을 넣어 볶다가 간장, 청주로 향을 낸 후, 청피망, 홍피망과 육수를 붓고 굴소스로 간을 맞춘다. [그림 5]

5. 소스가 끓으면 전복, 패주, 채소와 녹말물을 넣어 참기름을 두르고 빨리 볶는다. [그림 6~7]

* 폭(爆)은 빨리 볶는 조리기술로, 주재료를 새우나 오징어와 같이 부드럽게 만드는 조리법이다.

* 너무 오래 볶으면 주재료의 부드러운 맛보다 질긴 식감을 줄 수 있어서 가능한 빨리 볶아야 한다.

* 전복과 패주 요리는 빠른 속도로 볶아야 연한 맛과 신선한 맛을 살릴 수 있다.

백화해삼

bái hua hǎi shēn

白花海參

주재료 ·불린 해삼 3마리

전처리 재료 ·새우살 200g ·달걀 흰자 1개 ·녹말가루 30g ·청주 10㎖ ·소금 5g ·후춧가루 2g

부재료 ·은행 10알 ·청경채 100g ·대파 ½토막 ·고수 1줄기 ·생강 2g ·식용유 15㎖

조미료 ·파기름 30㎖ ·청주 15㎖ ·육수 150㎖ ·참기름 5㎖ ·녹말가루 60g

만드는 방법

1. 불린 해삼은 깨끗이 씻어서 준비한다. 새우살은 칼로 살짝 쳐서 으깬 뒤, 다시 칼등으로 곱게 다져서 준비한다. 은행은 까서 준비한다.

2. 그릇에 다진 새우를 담고, 생강을 다져서 소금, 후춧가루로 간을 한다. 달걀 흰자와 녹말가루를 넣어 잘 치대어서 새우반죽을 만든다. [그림 1]

3. 불린 해삼은 끓는 물에 푹 삶아서 물기를 제거한 후, 하나씩 속을 닦는다. [그림 2~3]

4. 해삼 안쪽에 녹말가루를 묻히고, 새우반죽을 소복이 담아서 속박이 한다. 그 위에 은행을 3cm 간격으로 꽂아서 김이 오른 찜통에 8분간 찐다. [그림 4~5]

5. 팬에 식용유를 두르고, 푸른 채소를 살짝 볶아서 접시에 깐다. 잘 쪄낸 해삼 속박이를 위에 보기 좋게 담는다. [그림 6]

6. 깨끗한 팬에 파기름을 두르고 생강은 다져서 넣고 육수를 붓는다. 소금 간을 한 뒤, 녹말물로 걸쭉하게 만들어 참기름을 두르고 해삼속박이 위에 소스를 얹는다. [그림 7~8]

* 백화(白花)란 중국 광동지방에서 '흰 꽃이 피어오르듯 한 아름다움'을 비유하는 말로, 이 요리에서는 새우나 흰 생선살을 다져서 만든 요리의 형태를 흰 꽃모양에 비유한 것이라 한다.

* 새우반죽을 양념할 때, 끈기가 날 때까지 많이 치대어주면 연하고 부드러워진다.

오룡해삼

wū lóng hǎi shēn
烏龍海參

주재료 ·불린 해삼 3마리

전처리 재료 ·새우살 150g ·달걀 흰자 1개 ·녹말가루 30g ·청주 10㎖ ·소금 5g ·후춧가루 2g

부재료 ·청고추, 홍고추 ½개씩 ·대파 1토막 ·마늘 2쪽 ·생강 3g

조미료 ·고추기름 50㎖ ·간장 15㎖ ·청주 15㎖ ·육수 200㎖ ·굴소스 15㎖ ·설탕 10g ·후춧가루 2g
·참기름 5㎖ ·녹말가루 30g ·식용유 300㎖

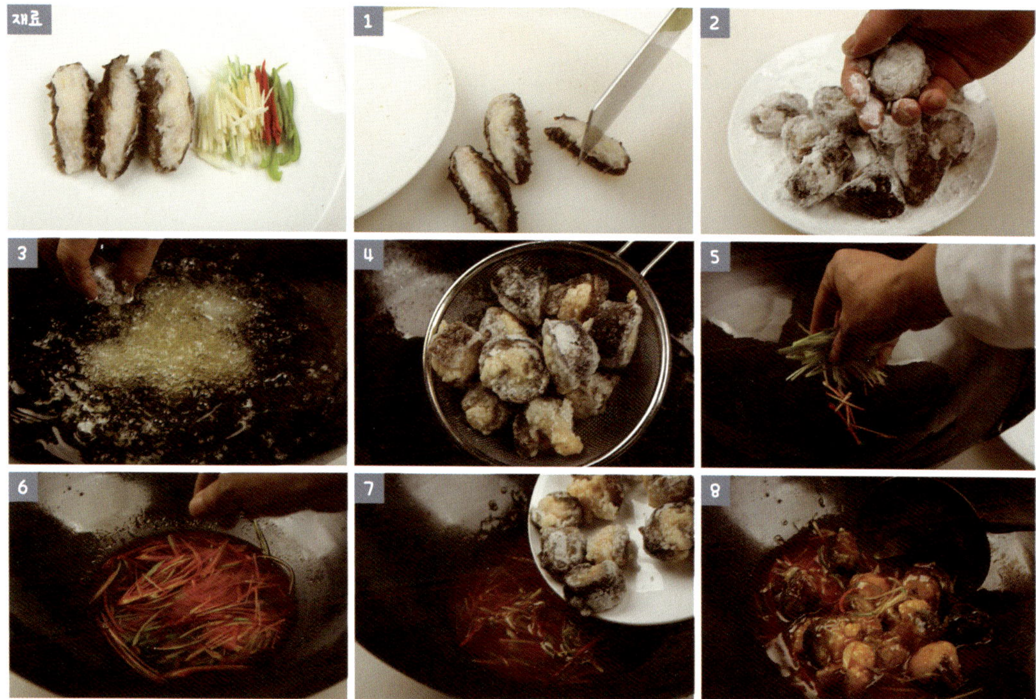

1. 새우속박이한 해삼과 부재료의 채소는 곱게 채로 썬다.(백화해삼 만드는 방법 참고 214p)

2. 먼저 새우속박이한 해삼을 3cm 정도의 크기로 썬다. [그림 1]

3. 접시에 녹말가루를 뿌려서, 새우속박이한 해삼에 녹말가루를 묻힌다. [그림 2]

4. 150℃ 식용유에 녹말가루를 묻힌 해삼을 하나씩 튀긴다. [그림 3]

5. 새우속박이 해삼이 바삭하게 튀겨지면 기름 거름망에 담는다. [그림 4]

6. 팬에 고추기름을 두르고 뜨거워지면 부재료 채소를 넣고 볶는다. 간장, 청주로 향을 내고 바로 육수를 부어서 조미료로 간을 한다. [그림 5~6]

7. 팬에 소스가 끓어오르면 튀긴 새우속박이 해삼을 넣고 간이 배게 중불에서 약간 조린다. [그림 7]

8. 소스가 약간 조려지면 녹말물을 풀어 참기름을 두르고 볶는다. [그림 8]

가상해삼 家常海參

jiā cháng hǎi shēn

주재료 ·불린 해삼 5마리 ·돼지고기 100g

부재료 ·숙주나물 100g ·대파 1토막 ·마늘 3개 ·홍고추 1개 ·생강 3g ·식용유 20㎖

조미료 ·고추기름 30㎖ ·두반장 15㎖ ·육수 200㎖ ·간장 10㎖ ·청주 15㎖ ·굴소스 15㎖
·설탕 15g ·후춧가루 2g ·참기름 5㎖ ·녹말가루 30g

 **만드는 방법**

1. 불린 해삼은 깨끗이 씻어서 준비하고, 숙주는 양쪽을 다듬는다. 대파와 홍고추, 마늘은 송송 썬다.

2. 불린 큰 해삼은 편으로 썰어서(홍소해삼 전처리과정 참고 210p) 끓는 육수에 1분간 삶아서 물기를 제거한다. [그림 1]

3. 팬에 고추기름을 두르고 뜨거워지면 먼저 돼지고기를 다져서 넣고 골고루 볶은 뒤, 여기에 간상가 두빈장, 내파, 마늘, 생강, 홍고추를 넣고 골고루 볶는다. 여기에 한번 데친 해삼을 넣고, 청주를 넣어서 다시 볶는다. [그림 2~3]

4. 볶은 해삼과 돼지고기에 육수를 붓고, 끓으면 조미료로 간을 한다. 중불에서 1분간 끓인 뒤, 녹말물을 풀고 참기름을 두르고 볶는다. [그림 4]

5. 다른 팬에 식용유를 조금 두르고, 숙주를 살짝 볶아서 접시에 먼저 깔고, 그 위에 볶은 해삼요리를 올린다. [그림 5~6]

* 부재료의 채소는 일반 죽순, 송이버섯, 홍고추, 피망 등 계절에 따라 다르게 사용해도 된다.

* '가상미(家常味)'는 사천지방의 서민들이 주로 즐기는 맛으로, 또한 사천요리의 최고급요리 중 하나이다. 가상미를 이용한 해삼 조리법은 사천요리 요리사들이 새롭게 발전시킨 요리라 말할 수 있을 정도이다. 비록 요리 역사는 짧지만 수많은 미식가들의 호평을 받고 있다.(참고문헌: 『중국명 재명점中國名菜名点』)

바닷가재 생강볶음

shàng tāng jú lóng xia
上湯焗龍蝦

주재료 ·바닷가재 600~800g ·녹말가루 100g

부재료 ·대파 1토막 ·생강 30g ·홍고추 1개

조미료 ·파기름 30㎖ ·간장 15㎖ ·청주 15㎖ ·육수 200㎖ ·굴소스 5㎖
·후춧가루 2g ·녹말가루 30g ·참기름 5㎖ ·식용유 400㎖

<table>
<tr><td>만드는
방법</td><td>

1. 바닷가재의 꼬리부분을 자르고, 꼬리를 반으로 잘라 다시 2등분한다. 몸통은 껍질을 제거하고 4cm 정도의 크기로 자른다. [그림 1~2]

2. 대파는 길게 썰고, 생강과 홍고추는 편으로 썬다.

3. 자른 바닷가재에 녹말가루를 골고루 묻혀서 160℃ 식용유에 바삭 튀긴다. [그림 3~4]

4. 팬에 식용유를 두르고 뜨거워지면 먼저 대파, 생강을 넣고 바로 간장, 청주로 향을 낸다. [그림 5]

5. 팬에 육수를 붓고, 튀긴 바닷가재를 넣어서 조미료로 간을 한 후, 녹말물로 걸쭉하게 볶은 뒤 참기름을 두른다. [그림 6~7]

</td></tr>
</table>

* 바닷가재의 집게를 자를 때, 절단 가위를 사용하여 살점이 떨어지지 않게 한다.
* 자른 바닷가재에 녹말가루를 골고루 묻혀서 튀긴다.

게집게 새우살튀김

sha lā xiè shǒu

沙拉蟹手

주재료 ·게집게살(냉동) 10개 ·새우살 300g ·다진 생강 3g ·청주 5㎖
·소금 2g ·후춧가루 2g ·달걀 흰자 1개 ·녹말가루 50g

부재료 ·빵가루 100g ·식용유 400㎖

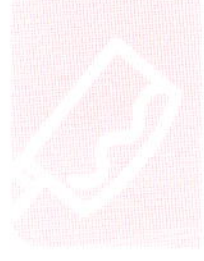

만드는 방법

1. 게집게살(냉동)은 해동 후 물기를 꼭 짜고, 새우살은 곱게 다진다.

2. 먼저 새우살에 다진 생강과 청주, 소금, 후춧가루로 간을 하고, 달걀 흰자와 녹말가루를 넣어 새우반죽을 만든다. 게집게살에 녹말가루를 하나씩 묻힌다. [그림 1]

3. 녹말가루를 묻힌 게집게살에 새우반죽을 하나씩 묻혀서 바른다. [그림 2]

4. 새우반죽을 묻힌 게집게살에 다시 빵가루를 골고루 묻힌다. [그림 3~4]

5. 빵가루를 묻힌 게집게살은 기름채에 담아 130℃ 식용유에 넣고 천천히 노릇하게 튀긴다. [그림 5~6]

* 접시에 담고 취향에 따라 크림소스 또는 서양겨자소스를 뿌리거나 소스접시에 따로 담아서 먹으면 좋다.

깐풍 게다리살

gān pēng xiè tuǐ
干烹蟹腿

주재료 ·게다리살(냉동) 8개 ·달걀 흰자 1개 ·녹말가루 100g

부재료 ·대파 1토막 ·홍고추 ½개 ·생강 10g ·마늘 3개

조미료 ·고추기름 30㎖ ·식용유 400㎖

깐풍소스 ·간장 5㎖ ·청주 10㎖ ·육수 60㎖ ·굴소스 10㎖ ·설탕 10g ·식초 15㎖ ·후춧가루 3g ·참기름 5㎖

<table>
<tr><td>만드는
방법</td><td>

1. 게다리살(냉동)은 해동시켜서 물기를 제거하고, 부재료의 채소는 곱게 채 썬다. [그림 1]

2. 게다리살에 달걀 흰자와 녹말가루를 골고루 묻혀서 두 번 정도 누르고, 녹말가루가 완전히 붙게 만든다. [그림 2]

3. 150℃ 식용유에 하나씩 넣어 천천히 노릇하게 튀긴다. [그림 3]

4. 팬에 고추기름을 두르고 뜨거워지면 먼저 채로 썰어놓은 대파, 생강, 마늘, 홍고추를 넣고 간장, 청주로 향을 낸다. 바로 육수와 깐풍소스를 넣고 튀겨낸 게다리살을 넣어 빨리 볶아낸다. [그림 4~6]

</td></tr>
</table>

꽃게 검은콩소스 豆豉白蟹
dòu chǐ bái xiè

주재료 ·꽃게 2마리 ·녹말가루 100g

부재료 ·대파 1토막 ·홍고추 1개 ·청고추 ½개 ·마늘 8쪽 ·생강 5g ·발효검정콩 30g

조미료 ·고추기름 30㎖ ·간장 15㎖ ·청주 15㎖ ·육수 200㎖ ·굴소스 15㎖ ·설탕 15g
·후춧가루 3g ·참기름 5㎖ ·녹말가루 30g ·식용유 400㎖

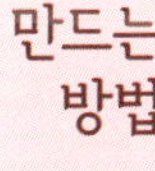

만드는 방법

1. 꽃게는 껍질을 제거하고 깨끗이 씻어서 4등분 크기로 토막 내어 자른다. 대파는 송송 썰고, 홍고추, 청고추는 쌀알 크기로 썬다. 생강, 마늘은 곱게 다진다. [그림 1]

2. 자른 꽃게는 녹말가루에 묻혀서 170℃ 식용유에 노릇하게 튀긴다. [그림 2~3]

3. 팬에 고추기름을 두르고 뜨거워지면 먼저 검정콩과 마늘을 넣고 향이 니게 볶는다. 검정콩이 익으면 대파, 홍고추와 청고추, 생강을 넣고 골고루 볶은 뒤 간장, 청주로 향을 낸다. 육수와 조미료(굴소스, 설탕, 후춧가루)를 넣어 간을 한다. [그림 4~5]

4. 소스가 끓으면 튀긴 꽃게를 넣고 버무리다가 녹말물을 약간 풀고, 참기름을 두른다. [그림 6~7]

* 꽃게는 먹기 좋은 크기로 잘라서 녹말가루에 묻혀서 튀겨준다.

* 발효된 검은콩은 마늘과 같이 충분히 볶아서 사용한다.

궈타햐 guo tā xia 鍋塌蝦

주재료 ·왕새우 5마리 ·청주 10㎖ ·소금 10g ·후춧가루 1g ·녹말가루 100g

부재료 ·대파 1토막 ·피망 ½개 ·홍고추 ½개 ·마늘 5쪽 ·생강 2g

조미료 ·육수 100㎖ ·간장 10㎖ ·청주 15㎖ ·설탕 5g ·후춧가루 2g ·굴소스 15㎖
·식초 15㎖ ·식용유 100㎖

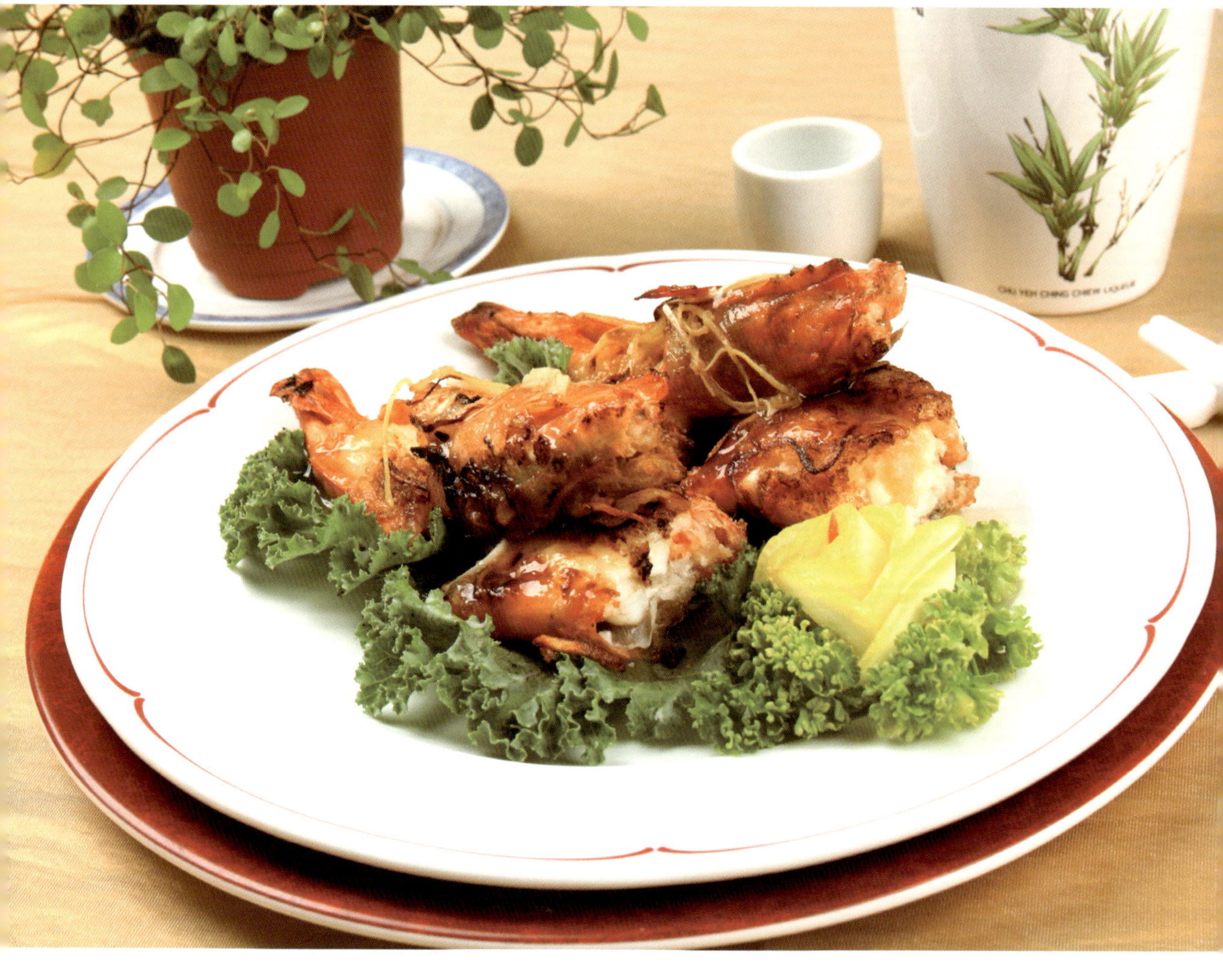

<table>
<tr><td>만드는
방법</td><td>

* 부재료의 채소는 곱게 채로 썰어서 준비한다.

1. 왕새우는 머리와 다리부분을 손질하고 접시에 하나씩 펴서 주재료의 소금, 후춧가루로 간을 한다. [그림 1]

2. 녹말가루에 왕새우를 하나씩 눌러가며 골고루 묻힌다. [그림 2]

3. 팬에 식용유를 넣고 뜨겁게 달군 후, 왕새우를 하나씩 팬에 넣어 지지듯 앞뒤로 튀긴다. [그림 3]

4. 왕새우가 노릇하게 지져지면, 팬 한쪽에서 채 썰어놓은 부재료의 채소를 넣고, 조미료를 차례로 넣는다. [그림 4~5]

5. 왕새우에 소스가 스며들게 지져지면, 한 마리를 2등분 크기로 잘라서 접시에 담고, 양념된 채소는 새우에 얹는다. [그림 6]

</td></tr>
</table>

띠또새우

di dòu cuì xiā

地豆脆蝦

주재료 ·중새우 10마리 ·감자 1개 ·녹말가루 100g

부재료 ·당근 50g ·셀러리 50g ·양상추 100g

조미료 ·소금 5g ·후춧가루 3g ·식용유 400㎖

만드는 방법

1. 중새우는 꼬리부분만 남기고, 당근, 셀러리는 굵은 채로, 감자는 곱게 채로 썰어서 물에 담가놓는다.

2. 중새우는 등 쪽에 칼집을 내서 접시에 펴놓고, 소금으로 간을 한다. [그림 1~2]

3. 낭근과 셀러리를 새우 속에 넣고, 녹말가루를 하나씩 묻힌 다음 감자채를(물기 제거 후) 하나씩 감는다. [그림 3~5]

4. 하나씩 잘 감아놓은 새우에 다시 녹말가루를 살짝 뿌린다.

5. 130℃ 식용유에 천천히 튀겨서 감자채가 노릇하게 튀겨지면, 꺼내서 접시에 담는다. 취향에 따라 양상추와 크림소스를 곁들인다. [그림 6]

새우완자

jiān liū xiā bǐng

煎溜蝦餅

주재료 ·새우살 200g ·달걀 흰자 1개 ·녹말가루 100g ·청주 15㎖ ·생강 3g

부재료 ·목이버섯 1개 ·죽순 60g ·홍고추 ½개 ·피망 ½개 ·대파 ½토막 ·마늘 3쪽 ·완두콩 10g

조미료 ·파기름 50㎖ ·육수 200㎖ ·간장 5㎖ ·청주 15㎖ ·굴소스 10㎖ ·후춧가루 2g ·녹말가루 30g
·참기름 5㎖ ·식용유 300㎖

만드는 방법

1. 목이버섯은 불려서 죽순, 대파, 청고추, 홍고추와 같이 곱게 채 썰고, 마늘은 얇게 저미고, 생강은 곱게 다진다. [그림 1]

2. 새우살은 내장을 빼고 곱게 다져서 다진 생강, 청주, 후춧가루로 밑간을 한 후, 달걀 흰자와 된녹말을 넣고 잘 치대어 반죽한다. 반죽 후, 4cm 크기의 완자로 빚어서 튀김 팬에 노릇하게 지진다. [그림 2~4]

3. 팬에 파기름을 두르고 뜨거워지면 대파, 생강, 마늘을 넣고 볶다가 간장, 청주로 향을 내고 모든 채소를 넣어 볶다가 육수를 붓는다. [그림 5]

4. 육수가 끓으면 굴소스, 후춧가루로 간을 맞추고, 튀긴 새우완자를 넣어 약간 끓인다. 녹말물을 조금씩 풀어서 소스가 걸쭉해지면 참기름을 두르고 버무린다. [그림 6~7]

* 새우반죽은 완자를 만들기 전에 골고루 잘 치대어준다.
* 완자의 모양은 일정한 크기로 만들어야 한다.

아스파라거스 새우

lú xún xiā qiu
蘆荀蝦球

주재료 ·아스파라거스 150g ·중새우 8미

부재료 ·대파 1토막 ·마늘 3쪽 ·생강 2g ·식용유 400㎖

조미료 ·육수 100㎖ ·청주 15㎖ ·치킨파우더 2g ·소금 5g ·후춧가루 2g ·참기름 3㎖ ·녹말가루 30g

<table>
<tr><td>만드는
방법</td><td>

1. 아스파라거스는 두꺼운 껍질을 벗겨내고 5cm 정도로 굵게 썬다. 중새우는 등 쪽에 칼집을 깊게 내어 썬다. 대파, 마늘은 작은 편으로, 생강은 다진다. [그림 1~2]

2. 중새우는 밑간을 하고 달걀, 녹말가루에 버무려서 식용유에 먼저 튀긴 후, 바로 아스파라거스를 넣고 튀겨서 기름채에 따라낸다. [그림 3]

3. 팬에 파기름을 두르고 뜨거워지면 대파, 마늘, 생강을 넣고 볶다가, 청주로 향을 내고 바로 육수를 부어 조미료와 치킨파우더로 간을 한다. [그림 4]

4. 소스가 끓으면 녹말물을 걸쭉하게 푼 뒤, 익힌 새우와 아스파라거스를 넣어 버무려서 볶고 참기름을 두른다. [그림 5~7]

</td></tr>
</table>

* 아스파라거스의 질긴 껍질 줄기는 칼로 살짝 도려내고 사용한다.

* 중새우는 껍질을 완전히 제거해서, 등 쪽으로 칼집을 넣어 전처리 후 아스파라거스와 같이 볶는다.

✓ **감자로 새집모양을 만드는 방법**

먼저 감자채 깎는 기계로 곱게 채를 썰어서 물에 1~2분간 담가둔다. 물기를 제거하고 녹말가루를 조금 묻혀서 작은 기름채에 돌려 담고, 다른 기름채로 살짝 눌러주면서 130℃ 식용유에 천천히 튀긴다. 감자채가 노릇하게 변하면 꺼내서 위에 조리망을 떼어낸다. [그림 1~8]

단호박삼선

nán guā hǎi xiān
南瓜海鮮

주재료 ·단호박 3개 ·전복 2개 ·불린 해삼 1개 ·갑오징어살 200g ·중새우 5마리 ·패주 2개

부재료 ·초고버섯 3개 ·자연 송이버섯 2개 ·은행 15개 ·홍고추 ½개 ·피망 ½개
·대파 1토막 ·마늘 3개 ·생강 2g

조미료 ·파기름 30㎖ ·간장 10㎖ ·청주 15㎖ ·육수 200㎖ ·굴소스 10㎖
·설탕 5g ·후춧가루 2g ·참기름 5㎖ ·녹말가루 30g

<table>
<tr><td rowspan="6">만드는
방법</td></tr>
</table>

만드는 방법

1. 먼저 단호박을 $\frac{1}{4}$로 잘라서 속을 칼로 다듬고, 호박씨를 파내서 찜통에 30분 간 찐다. [그림 1~2]

2. 주재료의 해산물과 부재료의 채소를 손질한다. [그림 3]

3. 손질한 해산물과 채소(대파, 마늘, 생강만 제외)는 끓는 물에 한번 살짝 데친다. [그림 4]

4. 팬에 파기름을 두르고 뜨거워지면 대파, 마늘, 생강을 넣고 향을 낸다. 바로 간장, 청주를 넣고 볶으면서 데친 해산물을 넣고 볶는다. [그림 5~6]

5. 볶은 해산물에 육수를 붓고, 조미료로 간을 하고 녹말물로 걸쭉하게 만든 뒤, 참기름을 두른다. [그림 7]

6. 잘 찐 단호박 속에 보기 좋게 담는다. [그림 8]

부용게살

fú róng xiè ròu

芙蓉蟹肉

주재료 ·게살(냉동) 150g ·달걀 흰자 5개 ·연유 50㎖

부재료 ·비타민 100g ·다진 생강 2g

조미료 ·식용유 200㎖ ·육수 100㎖ ·설탕 5g ·소금 5g ·녹말가루 20g

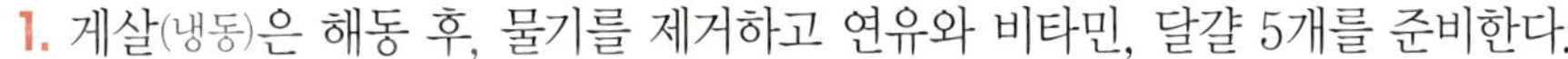

만드는 방법

1. 게살(냉동)은 해동 후, 물기를 제거하고 연유와 비타민, 달걀 5개를 준비한다.

2. 게살을 손으로 찢고, 달걀은 흰자만 분리한다. [그림 1]

3. 팬에 식용유를 조금 두르고 비타민을 살짝 볶아서 접시 가장자리에 담는다. [그림 2]

4. 그릇에 흰자를 담고 연유를 부어서 달걀 흰자가 거품이 생기지 않게 섯는나. [그림 3]

5. 팬에 식용유를 부어서 110℃ 온도에 달걀 흰자를 넣고 국자로 천천히 젓는다. 흰자가 부드럽게 올라오도록 만든 뒤, 바로 채에 따라놓는다. [그림 4~5]

6. 달걀 흰자를 튀긴 팬에 다진 생강과 게살을 넣고 육수를 부어 소금 간을 한다. 튀긴 달걀 흰자를 넣고 녹말물로 버무려서 접시 중앙에 담는다. [그림 6~7]

생선찜 清蒸鮮魚
qīng zhēng xiān yu

주재료 ·우럭(도미) 1마리(600~800g 정도) ·소금 1큰술 ·청주 1큰술

부재료 ·홍고추 1개 ·고수 10g ·생강 50g(전처리에 공통 사용) ·팔각 3개 ·대파 2토막(전처리에 공통 사용)

조미료 ·육수 200㎖ ·청주 30㎖ ·소금 20g ·치킨베이스 5g ·생선간장소스 100㎖ ·후춧가루 약간
·파기름 50㎖

만드는 방법

1. 우럭(도미)은 비늘과 내장을 제거하고 깨끗이 씻어서 양쪽에 2cm 간격으로 칼집을 낸 후, 다시 가운데에 길게 칼집을 낸다.

2. 손질한 우럭은 끓는 물에 살짝 데쳐서 소금을 골고루 뿌리고, 준비한 생선접시에 대파를 길게 놓고 그 위에 올린다. 팬에 육수를 끓여서 소금 간을 하고, 우럭에 찰박하게 붓는다. [그림 1~2]

3. 접시에 올린 우럭에 편으로 썬 생강과 대파, 팔각을 올리고, 파기름을 1큰술 정도 생선에 뿌려서 김이 오른 찜통에 7~8분간 찐다. [그림 3~4]

4. 찜통에서 꺼낸 우럭이 흩어지지 않게 대파, 생강, 팔각을 건지고, 생선간장소스를 끓여서 넉넉히 붓고, 채로 썬 대파, 홍고추, 생강을 위에 뿌린다. 다시 팬에 파기름을 뜨겁게 달궈서 대파와 생강 위에 향이 나게 골고루 끼얹고 고수를 올린다. [그림 5~7]

* 생선은 먼저 끓은 물에 살짝 데쳐서 전처리한다.

* 생선을 찜통에서 오래 찌면 신선한 맛과 형태에 변화가 생길 수 있다.

* 청증(淸蒸, qīng zhēng)이란 담백하게 쪄내는 조리법으로 도미, 조기, 우럭 등의 재료를 계절에 따라 선별하여 사용한다. 소스로는 간장, 생강, 대파 등을 쓴다.

홍소선어

hóng shāo xiān yu

紅燒鮮魚

주재료 ·도미(우럭) 1마리(600~800g 정도) ·간장 30㎖ ·청주 30㎖

부재료 ·표고버섯 3개 ·죽순 100g ·생강 5g ·피망 1개 ·대파 1토막 ·마늘 5쪽 ·팔각 2개

조미료 ·파기름 60㎖ ·간장 15㎖ ·청주 30㎖ ·육수 300㎖ ·굴소스 15㎖ ·후춧가루 2g
·참기름 5㎖ ·녹말가루 30g ·식용유 600㎖

<table>
<tr><td>만드는
방법</td><td>

1. 도미(우럭)는 깨끗이 손질하여 내장을 제거한 후, 양쪽에 삼각망형으로 칼집을 낸다. [그림 1]

2. 채소는 삼각형으로 썰고 마늘은 편으로, 생강은 다진다.

3. 손질한 도미를 접시에 올려놓고 간장과 청주를 넣어 5분 정도 간이 스며들게 앞뒤로 뒤집어 재우고, 170℃ 식용유에 바싹 튀긴다. [그림 2~3]

4. 팬에 파기름을 두르고 뜨거워지면 대파, 마늘, 생강을 넣어 간장과 청주로 향을 낸 후 채소를 넣어 볶는다. 육수를 붓고, 튀긴 생선을 넣어 굴소스와 팔각을 넣고 중불에서 천천히 끓인다. [그림 4~5]

5. 생선소스가 알맞게 졸여지면 접시에 도미가 흩어지지 않게 담는다. 녹말물을 조금씩 넣어 걸쭉하게 한 뒤, 소스와 채소를 생선 위에 골고루 끼얹는다. [그림 6~7]

</td></tr>
</table>

* 생선은 완전히 익을 수 있도록 바싹 튀긴다.

* 팬이 충분히 달궈진 후에 식용유를 두르고, 간장으로 향을 낸 후 채소를 넣고 볶는다.

* 생선을 담을 때 모양이 흩어지지 않게 유의한다.

* 이 요리에는 도미와 우럭 등을 계절에 따라 선별하여 사용하기도 한다.

파라어괴

bō luó yú kuài

波蘿魚塊

주재료 ·파인애플 1개 ·흰생선살 150g ·달걀 흰자 1개 ·녹말가루 100g

부재료 ·양파 ½개 ·피망 ½개 ·홍고추 ½개 ·다진 생강 3g

조미료 ·파기름 15㎖ ·청주 15㎖ ·물 100㎖ ·파인애플즙 100㎖ ·설탕 70g ·소금 15g
·식초 30㎖ ·녹말가루 30㎖ ·식용유 400㎖

<table>
<tr><td>만드는
방법</td><td>

1. 파인애플은 ⅓ 정도로 그림과 같이 길게 자른다. [그림 1]

2. 과일칼로 주변을 잘라서 속을 파고, 파낸 파인애플의 ⅔는 즙으로 갈아서 준비한다. [그림 2]

3. 나머지 파인에플은 부재료의 채소 크기로 썰고, 흰생선살은 길게 썬다. [그림 3]

4. 흰생선살에 달걀, 된녹말을 묻혀서 160℃ 식용유에 두 번 정도 바삭하게 튀긴다. [그림 4~5]

5. 팬에 다진 생강과 채소, 파인애플을 넣고 볶다가, 파인애플 즙을 같이 넣고 끓인다. [그림 6~7]

6. 소스가 끓으면 녹말물을 살짝 풀고, 미리 튀긴 흰생선살과 같이 버무려서 파인애플 속에 담는다. [그림 8]

</td></tr>
</table>

전가복
quán jiā fú
全家福

주재료 1 ·불린 해삼 50g ·중새우 5마리 ·갑오징어몸살 80g ·소라살 50g

주재료 2 ·전복, 패주 2쪽씩 ·송이버섯 1개 ·삶은 새우 2마리 ·파기름 30㎖ ·소금 5g ·녹말가루 30㎖

부재료 ·표고버섯 3장 ·죽순 60g ·양송이버섯 1개 ·홍고추 ½개 ·브로콜리 50g ·대파 ½토막 ·마늘 3쪽 ·생강 3g

조미료 ·고추기름 30㎖ ·간장 15㎖ ·청주 15㎖ ·육수 100㎖ ·굴소스 15㎖ ·후춧가루 2g ·녹말가루 30g ·참기름 5㎖

<table>
<tr><td>만드는
방법</td><td>

1. 주재료1은 손질하고(팔보채 만드는 방법 참고 142p) 주재료2의 전복, 패주, 송이버섯과 중새우는 미리 삶아서 준비한다. [그림 1]

2. 대파, 마늘, 생강을 제외한 모든 부재료는 끓은 물에 살짝 데친다. [그림 2]

3. 팬에 고추기름을 두르고 뜨거워지면 대파, 마늘, 생강을 넣어 볶다가 간장, 청주로 향을 낸다. 끓은 물에 데친 주새료1(중새우 제외)과 부재료를 넣고 센 불에서 볶는다. [그림 3~4]

4. 팬에 육수를 붓고 굴소스, 조미료, 후춧가루로 간을 한 뒤, 끓으면 녹말물로 걸쭉하게 하여 참기름을 두르고 볶아서 접시에 담는다. [그림 5]

5. 팬에 파기름을 두르고 뜨거워지면 생강, 청주를 넣고 향을 내어 육수를 붓고, 소금 간을 한다. 미리 삶은 전복, 패주, 송이버섯, 중새우를 넣고, 녹말물을 풀어 걸쭉하게 하얀 소스를 만들어 볶은 요리 위에 끼얹어(덮어)준다. [그림 6~8]

* 모든 재료는 끓는 물에 살짝 데친다.

* 해산물은 센 불에서 빨리 볶아야 부드럽다.

</td></tr>
</table>

오징어몸살볶음 油爆鱿魚花

yóu bào yóu yú huà

주재료 ·물오징어몸살 2마리

부재료 ·죽순 60g ·오이 ½개 ·목이버섯 3장 ·대파 ½토막 ·마늘 3쪽 ·생강 3g

조미료 ·파기름 30㎖ ·청주 15㎖ ·육수 100㎖ ·소금 10g ·후춧가루 2g ·참기름 5㎖
·녹말가루 30g ·식용유 400㎖

<table>
<tr><td>만드는
방법</td></tr>
</table>

1. 물오징어는 내장과 껍질을 제거하여 몸살만 사용한다. [그림 1]

2. 오징어몸살 안쪽으로 가로 5cm 정도의 크기로 잔 칼집을 내고, 다시 깊게 얇게 썰어 6cm 크기로 자른다(잔 칼집을 내어 그림4 형태로 만든다.). [그림 2~3]

3. 부재료의 채소는 편으로 썰다.

4. 물오징어는 먼저 끓는 물에 데치고, 가열된 식용유에 빨리 튀긴다. [그림 4~5]

5. 팬에 파기름을 두르고 뜨거워지면 대파, 생강, 마늘을 넣어 향을 내고, 바로 육수를 부어서 조미료로 간을 한다. 소스가 끓으면 녹말물을 풀고, 튀긴 물오징어와 참기름을 넣고 빨리 볶는다. [그림 6~7]

* 오징어는 칼집을 넣는 방법에 따라 모양과 맛, 질감에 큰 차이가 있다.

바지락볶음

chǎo ge lí
炒蛤蜊

주재료 ·바지락 400g ·건고추 5개 ·쪽파 3개 ·마늘 5쪽 ·생강 3g

조미료 ·파기름 30㎖ ·간장 10㎖ ·청주 15㎖ ·육수 50㎖ ·굴소스 5㎖
·식초 10㎖ ·녹말가루 15㎖ ·참기름 5㎖

만드는 방법	

1. 바지락은 해감을 하고 깨끗이 씻는다. 마늘과 생강은 편으로 썰고, 건고추는 2cm 정도로, 쪽파는 1cm 정도로 썬다. [그림 1]

2. 끓는 물에 바지락을 넣고 끓여서 약간 벌어지면 채에 받쳐낸다. [그림 2~3]

3. 팬에 파기름을 두르고 뜨거워지면 마늘, 생강, 건고추를 넣고 볶다가 바지락을 넣는나. 바로 육수, 간장, 청주를 넣어서 향을 낸 다음, 센 불에 뚜껑을 덮고 1분 정도 끓인다. [그림 4~6]

4. 바지락 껍질이 벌어지면 굴소스, 식초로 간을 하고 녹말물을 푼다. 여기에 썬은 쪽파를 뿌리고 참기름을 두르고 볶는다. [그림 7]

* 바지락을 해감하는 시간은 어두운 곳에 보통 3~4시간 정도가 좋다.

* 해감한 바지락은 2~3회 깨끗이 씻어서 용도에 따라 사용하다.

동파육 東坡肉
dōng po ròu

주재료 ·돼지 삼겹살 500g ·대파 1토막 ·생강 50g ·팔각 2개

부재료 ·청경채 150g ·고수 약간

양념재료 ·토마토케첩 15㎖ ·해선장 15㎖

간장소스 ·육수 500㎖ ·간장 150㎖ ·소흥주 100㎖ ·후춧가루 3g ·설탕 30g ·로두유 15㎖

조미료 ·파기름 15㎖ ·육수 70㎖ ·간장 15㎖ ·청주 15㎖ ·굴소스 15㎖ ·로두유 5㎖ ·참기름 5㎖ ·녹말가루 30g ·식용유 400㎖

송나라 원우(元祐) 때, 소동파(蘇東坡)가 두 번째로 항주(杭州)에서 임직을 맡을 때의 일이다. 서호(西湖)의 공사가 성공리에 잘 마무리되자, 백성들이 돼지고기와 소흥황주(紹興黃酒) 등을 선물로 보내왔다. 소동파가 조리사에 명하여 자기의 조리방법으로 만들어 백성들에게 돌려보내 맛을 보게 하여 요리 이름이 동파육(東坡肉)이라 전해졌다. 소동파는 고기 조리방법에 대한 상당한 연구와 경험을 통해 '만저화(慢著火), 소저수(小著水), 화후족시타자미(火後足時它自美)'라 하여, 물을 적게 넣고 중불에 천천히 익히면 그 맛이 더욱 부드럽고 향기가 돈다는 조리비법을 창안하였다. 현대 항주의 일류 요리사들은 이런 기초적인 조리법을 통해 더욱 발전하게 되었다. 또한 항주의 명주인 소흥주를 사용하여 물을 적게 넣고(小著水) 조리하는 방법으로 이 요리의 맛과 향이 더욱 발전하였다.

만드는 방법

1. 돼지 삼겹살은 사방 4cm 정도로 토막 내어 자르고, 끓는 물에 20분간 삶는다. [그림 1]

2. 실로 십자모양으로 하나씩 묶고, 양념재료를 혼합하여 삼겹살에 바른다. 뜨거운 기름에 갈색이 나게 튀긴다. [그림 2~4]

3. 그릇에 한번 튀긴 삼겹살을 담고, 동파육 간장소스를 끓여서 삼겹살이 잠길 정도로 붓는다. 대파와 생강, 팔각을 간장소스에 띄워 찜통에 50분간 찐다. [그림 5~6]

4. 청경채는 끓는 물에 데쳐서, 팬에 살짝 볶아 접시 안쪽으로 돌려가며 담는다.

5. 삼겹살은 한쪽씩 꺼내서 청경채 안쪽에 소복이 담는다. 팬에 파기름을 두르고 뜨거워지면 육수와 쪄낸 간장소스[그림 6]를 넣고, 녹말물로 걸쭉하게 만든 뒤 삼겹살에 조금씩 끼얹는다. [그림 7~8]

* 삼겹살은 일정한 크기로 썰고 삶아서 사용한다.

* 동파육을 팬에 조려서 조리할 경우. 중불에서 바닥에 눌지(타지)않게 조리하며, 마무리에 만드는 소스는 끓인 소스를 사용한다.

* 고기에 묻혀내는 양념은 춘장을 사용해도 된다.

사자완자

shī zǐ wán zǐ
獅子丸子

주재료 1 ·다진 돼지고기 300g ·달걀 1개 ·녹말가루 100g ·다진 생강 2g ·간장 15㎖ ·청주 15㎖ ·후춧가루 2g

주재료 2 ·표고버섯 2개 ·죽순 60g ·물밤 30g ·대파 1토막 ·생강 3g

주재료 3 ·배추 100g ·시금치 100g

조미료 ·육수 400㎖ ·간장 80㎖ ·청주 60㎖ ·굴소스 15g ·후춧가루 3g ·녹말가루 30g ·참기름 5㎖ ·식용유 400㎖

<table>
<tr><td>만드는
방법</td><td>

1. 주재료1과 주재료2를 다져서 다진 생강, 간장, 청주, 후춧가루를 넣고 밑간을 한 뒤, 달걀, 녹말가루를 넣고 잘 치대어 반죽한다. [그림 1~2]

2. 반죽한 완자를 둥근 6cm 정도의 크기로 만들어서 뜨거운 기름에 노릇하게 튀긴다. [그림 3~4]

3. 팬에 조미료(식용유 제외)를 넣고 끓여서 튀긴 완자에 붓고, 배추를 길게 썰어서 탕그릇 안에 두르고 중탕으로 40분간 찐다(냄비에 넣어 장조림 조리듯 천천히 조려도 된다). [그림 5~6]

4. 찐 완자와 배추는 하나씩 건저서 접시에 보기 좋게 담는다. 다시 팬에 남은 소스를 붓고, 시금치를 넣어서 끓으면 녹말물로 걸쭉하게 소스를 만들어 완자 위에 끼얹는다. [그림 7]

</td></tr>
</table>

* 물밤(馬蹄, mǎ dì)은 중식재료 상점에서 구입할 수 있는 재료로, 주로 중식당에서 많이 사용한다. 양파나 당근으로 대체 사용도 가능하다.

소류완자

shāo liu wán zǐ

燒溜丸子

주재료 ·다진 돼지고기 200g ·간장, 청주 5㎖씩 ·달걀 1개 ·녹말가루 100g ·다진 생강 2g

부재료 ·목이버섯 2개 ·죽순 60g ·양송이버섯 2개 ·피망 ½개 ·홍피망 ½개 ·대파 1토막 ·마늘 3쪽 ·생강 3g

조미료 ·파기름 30㎖ ·간장 15㎖ ·청주 15㎖ ·육수 200㎖ ·굴소스 15㎖ ·후춧가루 3g ·녹말가루 15g
·참기름 5㎖ ·식용유 400㎖

만드는 방법

1. 목이버섯은 불려서 뜯어놓고, 채소는 2~3cm 정도 크기의 편으로 썬다. 마늘은 얇게 저미고, 생강은 곱게 다진다. [그림 1]

2. 다진 돼지고기에 다진 생강, 간장, 청주로 밑간을 하고 달걀, 된녹말을 넣고 반죽한다. 반죽 후, 2cm 정도의 완자로 빚어서 식용유에 두 번 정도 갈색이 나게 바삭 튀긴나. [그림 2~3]

3. 팬에 식용유를 두르고 뜨거워지면 대파와 생강, 마늘을 넣어서 볶다가, 간장, 청주로 향을 내고 채소를 넣어 볶으면서 육수를 붓는다. [그림 4~5]

4. 육수가 끓으면 굴소스로 간을 맞추고, 튀긴 완자를 넣어 약간 졸인다. 녹말물을 조금씩 풀어서 소스가 걸쭉해지면 참기름을 두르고 버무린다. [그림 6~7]

* 고기반죽은 완자를 만들기 전에 골고루 잘 치대어준다.
* 완자의 모양은 일정한 크기로 만들어야 한다.

진주완자

zhēn zhū wán zǐ
珍珠丸子

주재료 ·다진 돼지고기 200g ·찹쌀 500g ·달걀 1개 ·녹말가루 100g

부재료 ·표고버섯 2개 ·죽순 60g ·양송이버섯 2개 ·대파 1토막 ·생강 2g

조미료 ·간장 5㎖ ·청주 15㎖ ·굴소스 10㎖ ·후춧가루 2g ·치킨파우더 3g ·파기름 30㎖ ·참기름 5㎖

만드는 방법

1. 다진 돼지고기와 부재료의 채소는 곱게 다지고, 찹쌀은 미리 물에 30분간 담근다.

2. 그릇에 곱게 다진 돼지고기와 채소를 넣고, 여기에 조미료로 밑간을 한다. [그림 1~2]

3. 양념한 돼지고기에 달걀, 된녹말을 넣고 잘 치대서 반죽한다. 마지막에 파기름과 참기름을 넣어 버무린다. [그림 3~4]

4. 불린 찹쌀은 물기를 제거하고, 큰 접시에 평평히 담는다. 완자는 3cm 정도 크기로 하나씩 떼어서 찹쌀 위에 놓는다. [그림 5]

5. 찹쌀이 잘 묻도록 하나씩 굴려서 찜통에 담고, 끓은 찜통에 10분정도 찐다. [그림 6~7]

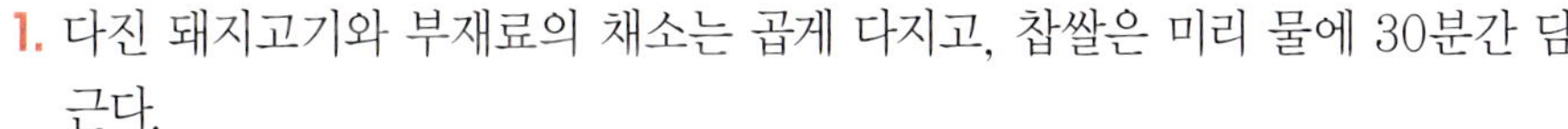

* 찹쌀은 미리 30분 정도 불려서 사용한다.

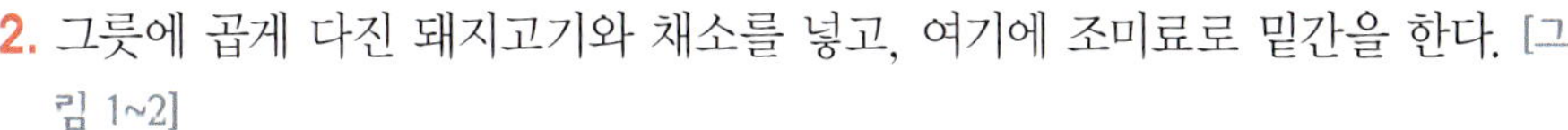

* 돼지고기는 부드럽게 잘 치대야 찹쌀에 잘 묻힌다.

어향육사

yu xīang ròu sī

魚香肉絲

주재료 ·돼지고기 150g ·달걀 ½개 ·녹말가루 30g ·간장 5㎖

부재료 ·피망(셀러리) ½개 ·죽순 60g ·홍피망 1개 ·목이버섯 2개 ·대파 1토막 ·마늘 3쪽 ·생강 3g

조미료 ·고추기름 30㎖ ·간장 5㎖ ·청주 15㎖ ·두반장 10㎖ ·육수 70㎖ ·굴소스 5㎖ ·식초 15㎖ ·설탕 15㎖ ·후춧가루 3g ·참기름 5㎖ ·식용유 200㎖

만드는 방법

1. 부재료의 피망(셀러리), 죽순, 홍피망, 목이버섯은 채로 썰고, 대파, 마늘과 생강도 곱게 채 썬다.

2. 돼지고기는 얇게 저며서 5cm 길이로 가늘게 채 썰고, 간장으로 밑간하여 달걀과 된녹말을 넣고 버무린다. 팬에 돼지고기가 잠길 정도로 식용유를 넣고 120℃의 중불에서 튀긴다. [그림 1~3]

3. 팬에 고추기름을 두르고 뜨거워지면 대파와 마늘, 생강을 넣고 볶다가 간장, 청주를 넣어 향을 낸 뒤, 나머지 채소와 두반장을 넣고 볶는다. [그림 4~5]

4. 채소가 익으면 육수를 약간 붓고 굴소스, 두반장, 식초, 설탕, 후춧가루로 간을 맞춘 뒤, 익혀낸 돼지고기를 넣고 같이 볶는다. 녹말물을 풀고, 참기름을 두른 뒤 버무린다. [그림 6~7]

* 모든 재료는 곱게 채로 썰어서 사용한다.

* 조미료의 넣는 순서와 비율을 맞춰야 한다.

경도갈비

jīng dū pǎi gū
京都排骨

주재료 ·돼지갈비 600g ·생강 20g(반은 채로 썰어서 볶을 때 사용) ·대파 1토막(늙은 채로 썰어서 볶을 때 사용)
·팔각 2개 ·산초 3g ·청주 15㎖ ·간장 15㎖ ·녹말가루 80g

조미료 ·육수 100㎖ ·간장 5㎖ ·청주 15㎖ ·토마토케첩 50g ·설탕 60g ·식초 30㎖ ·바베큐소스 10g
·녹말가루 15g ·식용유 400㎖

1. 돼지갈비는 길이 6~7cm 정도의 크기로 썰고, 주재료의 향신료 및 대파, 생강도 준비한다.

2. 그릇에 돼지갈비를 담고, 주재료의 양념을 넣어 대파, 생강(볶음용 제외)과 같이 밑간하여 30분간 재운다. [그림 1]

3. 밑간한 돼지갈비의 물기를 제거하고, 하나씩 녹말가루를 묻힌다. [그림 2~3]

4. 160℃ 식용유에 돼지갈비를 바삭하게 튀긴다. 튀긴 돼지갈비와 채로썬 대파, 생강을 준비한다. [그림 4~5]

5. 팬에 식용유를 두르고 먼저 파와 생강을 넣어 향을 낸 뒤, 간장, 청주로 향을 낸다. 토마토케첩, 바베큐소스를 넣고 볶다가 육수와 조미료로 간을 한다. [그림 6]

7. 팬에 소스가 끓으면 튀긴 돼지갈비를 넣고 소스가 스며들게 볶은 뒤, 녹말물을 약간 넣고 버무린다. [그림 7]

궈바로

guo bāo ròu
鍋包肉

주재료 ·돼지등심 300g ·녹말가루 200g ·소금 5g ·식용유 20㎖ ·다진 생강 5g

소 스 ·식용유 15㎖ ·육수 100㎖ ·청주 15㎖ ·설탕 60g ·토마토케첩 30g ·식초 60㎖ ·소금 10g ·녹말가루 15g ·식용유 600㎖

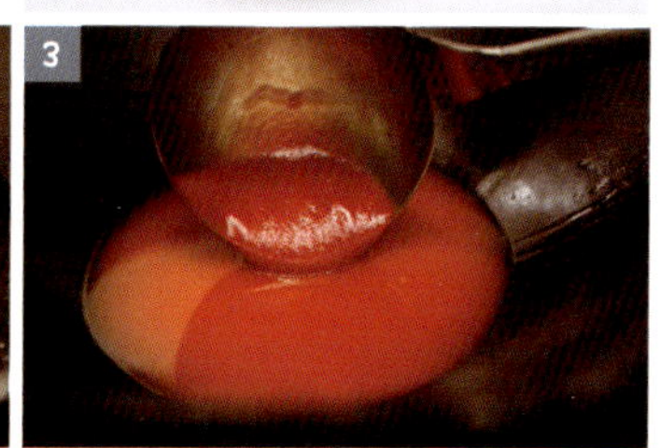

<table>
<tr><td>

만드는 방법

</td><td>

1. 돼지등심은 두께 0.3cm 정도로 썰어서 물에 담가 핏물을 제거하고, 소금으로 밑간을 한다.

2. 녹말가루를 그릇에 담아 물로 걸쭉하게 반죽한 뒤, 기름을 1큰술 넣고 묽게 반죽한다. [그림 1]

3. 얇게 썬 돼지고기를 반죽한 녹말반죽에 하나씩 묻혀 160℃ 식용유에 두 번 정도 바삭하게 튀긴다. [그림 2]

4. 팬에 식용유를 두르고 다진 생강을 넣고 바로 육수를 붓는다. 여기에 설탕, 토마토케첩, 식초, 소금을 넣고 끓으면 녹말물을 풀어 걸쭉하게 만든다. 만든 후, 미리 담아 놓은 돼지고기에 소스를 골고루 끼얹는다(팬에 소스를 만든 뒤, 납작하게 튀겨낸 고기를 넣고 빨리 버무려내기도 한다). [그림 3]

</td></tr>
</table>

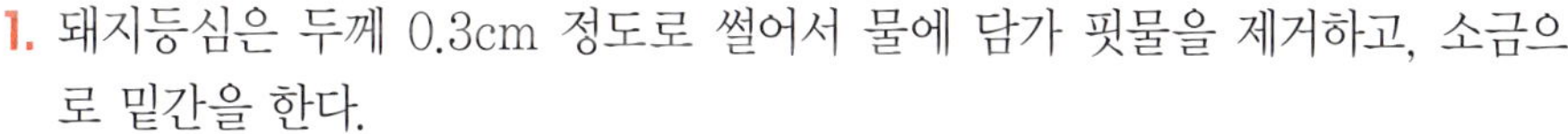

* 궈바로튀김에 사용하는 녹말가루는 100% 감자녹말이 적당하며, 여기에 찹쌀가루를 30% 정도 혼합하여 사용하면 바삭하고 쫀득한 찹쌀탕수육이 된다.

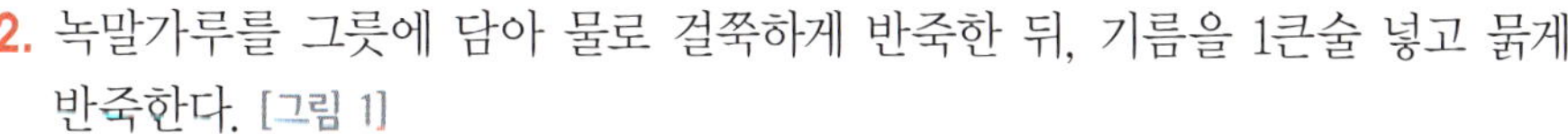

* 재소류를 침가 할 때는 약간의 딩근과 양피를 채로 썰어 소스에 넣기도 한다.

쇠안심 블랙빈소스

dòu chǐ niú ròu
豆豉牛肉

주재료 ·쇠고기 안심 250g ·달걀 ½개 ·녹말가루 15g ·간장, 청주 5㎖씩

부재료 ·양파 100g ·청고추 ½개 ·홍고추 ½개 ·대파 ½개 ·마늘 3쪽 ·생강 2g

조미료 ·고추기름 15㎖ ·간장 5㎖ ·청주 15㎖ ·육수 100㎖ ·굴소스 5㎖ ·검은콩소스 15g ·후춧가루 2g
·설탕 5g ·로두유 5㎖ ·녹말가루 15g ·참기름 5㎖ ·버터 5g ·식용유 300㎖

만드는 방법

1. 양파는 채 썰고, 대파, 청고추, 홍고추는 송송 썰고 마늘과 생강은 곱게 다진다.

2. 쇠고기 안심은 편으로 썰어서 간장, 청주로 밑간하여 달걀과 녹말가루를 넣고 버무려서 식용유에 튀긴다. [그림 1~2]

3. 팬에 고추기름을 두르고 다진 채소와 간장, 청주를 넣어 볶은 뒤, 바로 블랙빈소스를 넣고, 향이 나게 볶아준다. [그림 3]

4. 여기에 육수를 붓고 조미료로 간을 하고, 녹말물을 넣어 걸쭉하게 만든 뒤 튀긴 쇠고기 안심을 넣고 소스와 같이 잘 버무린다. [그림 4~5]

8. 뜨겁게 달군 철판에 버터를 바른 뒤, 양파를 덮고 위에 쇠안심 블랙빈소스를 담는다. [그림 6~7]

✓ **블랙빈소스란?**

검은콩을 발효시켜 만든 것으로, 중국어로 두시(豆豉)라고 한다. 육류뿐만 아니라 생선류 소스로도 많이 사용한다. 시중에서 판매하는 검은콩과 마늘을 다져서 만든 마늘콩소스를 이용하면 된다.

송이우육편

sōng róng niu ròu piān

松茸牛肉片

주재료 ·쇠고기 안심 150g ·간장 5㎖ ·청주 5㎖ ·달걀 1개 ·녹말가루 15g

부재료 ·자연 송이버섯 100g ·대파 ⅓토막 ·마늘 3쪽 ·생강 2g

조미료 ·파기름 30㎖ ·육수 100㎖ ·간장 15㎖ ·청주 15㎖ ·굴소스 15㎖ ·후춧가루 2g ·로두유 5㎖
·녹말가루 15g ·참기름 5㎖ ·식용유 400㎖

1. 자연 송이버섯과 쇠고기 안심은 넓적하게 편으로 썬다. 대파는 굵은 채로, 마늘은 편으로, 생강은 다진다. [그림 1]

2. 편으로 썬 쇠고기 안심은 한쪽씩 간장, 청주에 밑간하여 달걀과 녹말가루를 버무려서 기름에 튀긴다. 자연 송이버섯은 끓는 물에 한번 데친다. [그림 2~4]

3. 팬에 파기름을 두르고 뜨거워지면 대파, 마늘, 생강을 넣어 볶다가 간장, 청주를 넣어 향을 내고, 자연 송이버섯을 넣고 볶는다. [그림 5]

4. 팬에 자연 송이버섯이 잠길 정도로 육수를 붓고, 소스가 끓으면 굴소스, 후춧가루, 로두유, 참기름으로 간을 한다. 튀긴 쇠고기 안심을 넣고 녹말물을 풀어 볶는다. [그림 6~7]

* 자연 송이버섯은 볶기 전에 끓는 물에 살짝 데쳐서 사용한다.

* 쇠고기 혹은 쇠고기 안심은 미리 전처리과정 골(滑. huá)을 거쳐 자연 송이버섯과 같이 볶는다.

쇠고기상추쌈

shí jǐn niú ròu sòng

什錦牛肉鬆

주재료 ·쇠고기 안심 100g ·간장, 청주 5㎖씩 ·녹말가루 5㎖ ·달걀 1개

부재료 ·양상추 1통 ·표고, 죽순 50g씩 ·피망, 당근, 셀러리 20g씩 ·대파, 홍고추 ½개씩 ·완두콩 10g
·생강 2g ·마늘 3쪽 ·감자튀김 100g

조미료 ·고추기름 30㎖ ·간장, 청주 10㎖씩 ·굴소스 10㎖ ·후춧가루 3g ·설탕 5g ·두반장 10g
·육수 100㎖ ·참기름 5㎖ ·녹말가루 15g ·식용유 200㎖

만드는 방법

1. 양상추는 하나씩 떼어서 둥근 모양으로 잘라서 씻고, 채소는 잘게 썰고 마늘, 생강은 다진다. [그림 1~2]

2. 쇠고기 안심은 잘게 완두콩 정도의 크기로 썰어서 간장, 청주로 밑간을 한다. 밑간 후, 달걀, 녹말가루를 넣고 버무려서 120℃ 식용유에 살짝 튀긴다. [그림 3~4]

3. 팬에 고추기름을 넣고 먼저 대파, 마늘, 생강을 넣어서 볶다가, 간장과 청주로 향을 낸다. 바로 채소를 넣고 두반장과 같이 볶으면서 육수를 붓는다. [그림 5]

4. 채소가 익으면 조미료로 간을 하고, 튀긴 쇠고기 안심을 넣고 녹말물로 걸쭉하게 한 뒤 참기름을 두른다. [그림 6~7]

* 십금(什錦)이란 10가지 고급재료를 말하는 것으로, 이 요리는 계절에 따라 여러 가지 계절 채소를 쇠고기와 함께 볶아서 쌈으로 먹는 요리를 말한다.

* 잘게 썬 쇠고기와 채소를 쌈으로 먹을 때, 감자를 곱게 튀겨서 혹은 국수를 튀겨서(으깨서) 같이 싸먹으면 더욱 구수한 맛을 느낄 수 있다.

금고우육권 jīn gū niu ròu juǎn 金菇牛肉捲

주재료 ·쇠고기 안심 150g

부재료 ·브로콜리 150g ·표고버섯 5g ·죽순 5g ·팽이버섯 1봉 ·달걀 흰자 1개 ·셀러리 50g ·대파 1토막 ·생강 3g ·마늘 5g

조미료 ·고추기름 30㎖ ·육수 100㎖ ·굴소스 15㎖ ·진간장 15㎖ ·청주 15㎖ ·설탕 5g ·후춧가루 3g ·식초 15㎖ ·두반장 15㎖ ·참기름 5㎖ ·녹말가루 100g ·식용유 500㎖

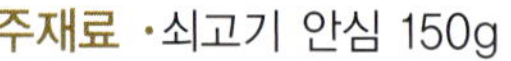

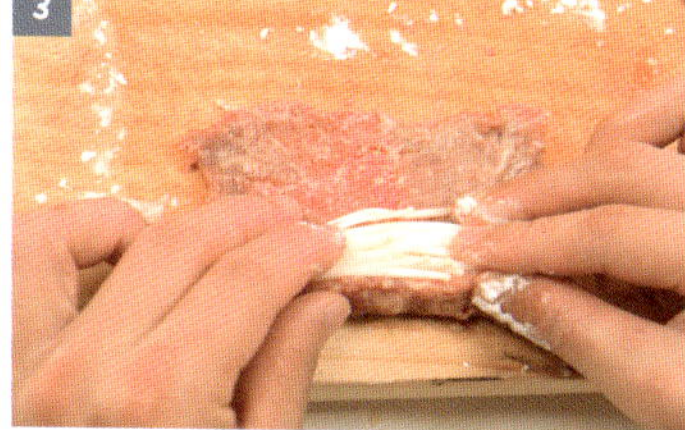

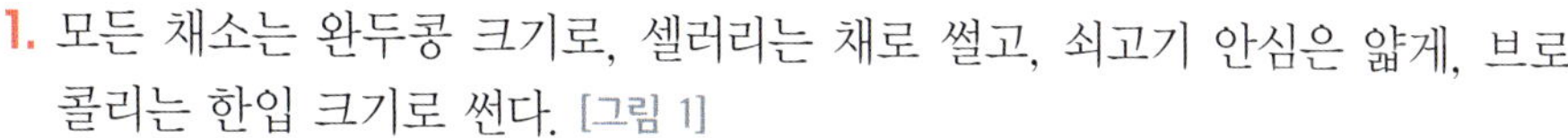

만드는 방법

1. 모든 채소는 완두콩 크기로, 셀러리는 채로 썰고, 쇠고기 안심은 얇게, 브로콜리는 한입 크기로 썬다. [그림 1]

2. 얇게 썬 쇠고기 안심은 펴서 녹말가루를 뿌리고, 셀러리(약간)와 팽이버섯을 넣고 돌돌 만다. 달걀 흰자와 녹말가루를 섞어서 말아놓은 쇠고기에 묻힌다. [그림 2~4]

4. 160℃ 식용유에 쇠고기말이를 튀긴 후, 어슷하게 반으로 썬다. [그림 5]

5. 팬에 고추기름을 두르고 다진 마늘과 채소를 넣고 간장, 청주로 향을 낸 다음, 나머지 채소를 넣고 볶다가 육수를 붓는다. [그림 6]

6. 팬에 육수가 끓으면 두반장, 굴소스, 후춧가루, 식초, 설탕을 넣어 간을 하고, 녹말물로 걸쭉하게 한다. 튀긴 쇠고기를 넣고 버무려서 참기름을 두르고 담는다. [그림 7]

7. 브로콜리는 끓는 물에 소금 간을 하여 살짝 데친 다음, 쇠고기 튀김 옆에 담는다.

총향소육 cōng xiāng shāo ròu 葱香燒肉

주재료 ·돼지 삼겹살 600g ·대파 2토막 ·생강 100g ·팔각 1개 ·실파 50g

양념재료 ·로두유 20㎖ ·설탕 20g ·식용유 400㎖

간장소스 ·파기름 15㎖ ·간장 100㎖ ·소흥주 100㎖ ·후춧가루 3g ·물엿 50g
·로두유 30㎖ ·굴소스 15㎖ ·육수 200㎖

만드는 방법

1. 돼지 삼겹살은 직경 2cm 정도 길게 토막 내어 끓는 물에 10분간 삶는다. [그림 1]

2. 팬에 삶은 돼지 삼겹살을 담고 양념재료를 골고루 묻힌 뒤, 뜨거운 식용유에 갈색이 나게 튀긴다. [그림 2~3]

3. 팬에 식용유를 두르고 먼저 대파, 생강을 넣어 향을 낸 뒤, 바로 튀긴 삼겹살을 넣고 간장소스 재료를 고기가 잠길 정도로 넉넉히 붓는다. 중불에서 천천히 조린다. [그림 4~6]

4. 간장소스가 삼겹살에 잘 조려지면 접시에 담고 실파를 뿌린다. [그림 7]

* 종향소육은 동파육을 만드는 과정과 비슷하다. 동파육이 쪄서 만드는 과정이라면, 종향소육은 전처리(튀긴) 뒤, 천천히 조리는(紅燒) 조리법을 이용하여 쉽게 만들 수 있다.

북경오리 北京烤鴨
běi jīng kǎo ya

주재료 ·오리 1마리

오리 속 양념 ·오향분 10g ·마늘가루 5g ·맛소금 20g

오리 데치는 소스 ·물 1.8ℓ ·소금 30g ·고량주 100㎖ ·물엿 100㎖ ·식초 100㎖ ·녹말물 70g

부재료 ·오리떡 20장 ·춘장소스 100g ·오이 2개 ·대파 3개

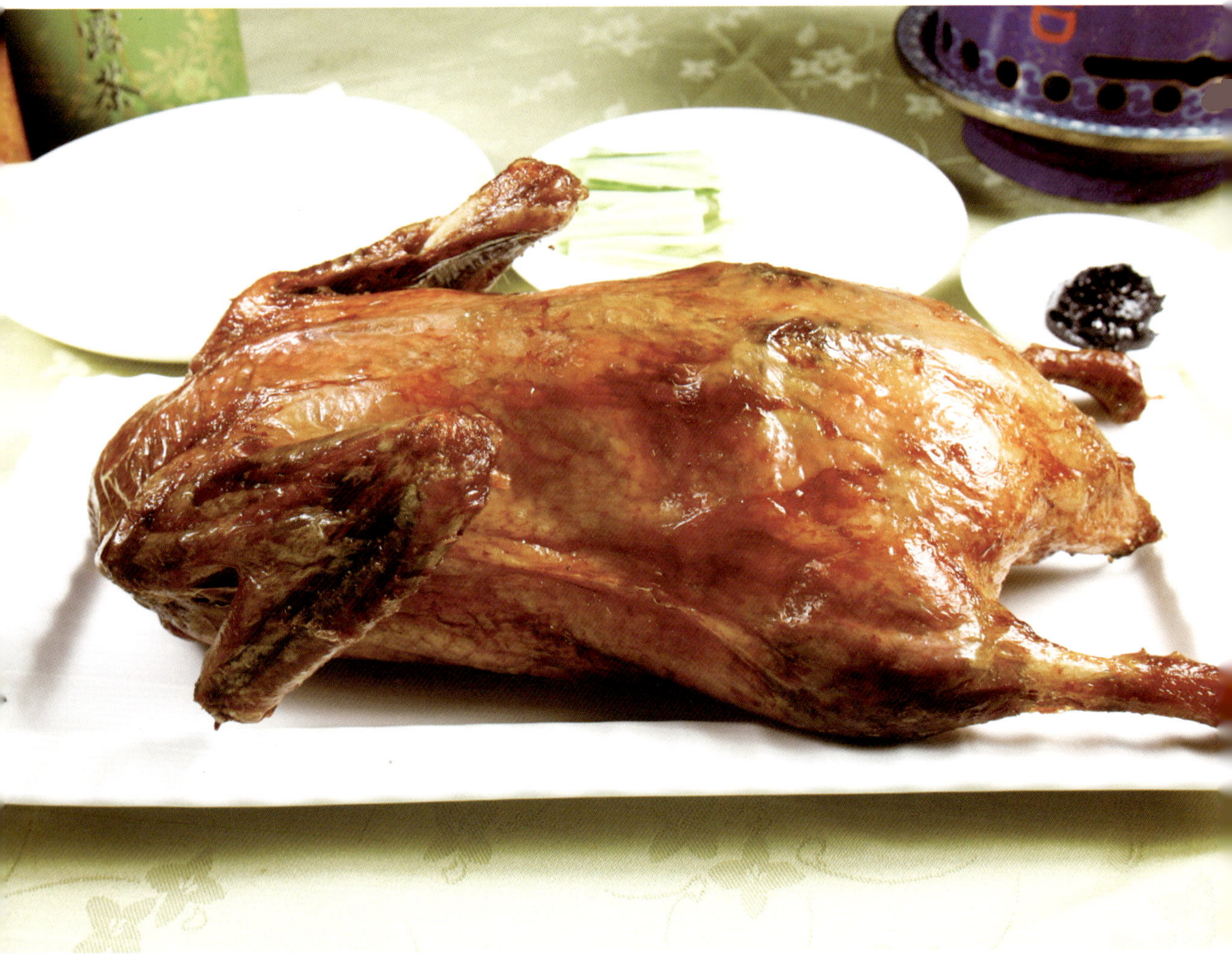

북경의 유명한 요리로 북경오리를 꼽을 수 있다. 북경오리의 유래는 중국 명나라 때 금능(金陵)의 금능 오리구이(金陵片皮鴨)가 제일 유명한 요리로 알려졌는데, 그 후 명나라가 북경으로 수도를 옮기면서 북경오리로 이름을 바꿔 지금 북경의 유명한 요리로 발전되었다고 전해진다.

만드는 방법

1. 오리내장의 기름을 제거하고 물에 1시간 정도 담근후 꺼내서 고리로 양 날개를 걸고 물기 제거를 위해 30분 정도 걸어 놓는다. [그림 1~2]

2. 물기가 완전히 제거되면 오리 속 양념을 혼합하여 손으로 조금씩 안쪽에 골고루 묻히고, 20분 뒤 다시 엎어놓는다(이 과정은 양념이 골고루 스며들게 하기 위해서 한다). [그림 3]

3. 팬에 오리 데치는 소스를 넣고 끓으면, 녹말물을 풀어서 걸어놓은 상태에서 소스를 끼얹는다. 이때, 오리 몸속으로 소스가 들어가지 않게 조심한다. [그림 4]

4. 겉옷을 입힌 오리는 통풍이 잘 되는 곳에 12시간 정도 걸어놓는다. [그림 5]

5. 물과 기름이 빠진 오리는 오리구이통에 넣어 1시간정도 굽는다. [그림 6]

1. 오이와 대파는 채로 썰고, 춘장은 육수를 조금 넣고(실탕, 참기름을 조금씩 넣고) 끓여서 준비한다. [그림 7~9]
2. 오리 껍질부위를 2㎝ 정도 크기로 썰어서 오리떡(밀병)에 파, 오이채를 넣어 춘장을 바르고 한쪽씩 싸서먹는디. [그림 10~12]

국화기

jú hua jī

菊花鷄

주재료 ·닭가슴살 200g

부재료 ·레몬 1개 ·생강채 5g

조미료 ·식용유 15㎖ ·청주 30㎖ ·물 200㎖ ·소금 10g ·설탕 70g ·식초 30㎖
·레몬파우더 50g ·녹말가루 30g ·식용유 400㎖

만드는 방법

1. 닭가슴살과 레몬(껍질은 채로 썰고, 즙은 짜서 소스에 넣는다), 생강채를 준비한다.

2. 닭가슴살을 먼저 얇게 포를 뜨듯 편으로(밑쪽에 떨어지지 않게) 썬다. [그림 1]

3. 닭가슴살을 얇게 4편 정도 썰고 잘라낸다. 같은 모양으로 계속 썰고, 다시 한 쪽씩 펴서 굵은 채로 썰고 펴지게(앞쪽이 붙어있게) 만든다. [그림 2~3]

4. 하나씩 썬은 닭가슴살을 찬물에 살짝 담갔다가 꺼내서 물기를 제거한 후, 녹말가루에 한쪽씩 묻히면서 엉키지 않게 털어놓는다. [그림 4]

5. 130℃ 식용유에 닭가슴살을 한 쪽씩 잘 펴서 국화모양으로 튀긴 뒤 접시에 담는다. [그림 5]

6. 팬에 식용유를 두르고 썰어놓은 레몬채와 생강채를 넣고, 청주로 향을 내어 바로 물, 소금, 설탕, 식초, 레몬파우더를 넣어 끓인다. 소스가 끓으면 녹말물로 걸쭉하게 만들어 튀긴 국화모양의 닭가슴살에 끼얹는다. [그림 6~7]

* 국화꽃모양을 만들기 위해서는 닭가슴살을 사용하는 게 모양이 잘나온다.

* 생선살을 같은 방법으로 만들면 국화생선으로, 소스는 당수소스나 토마토소스를 이용한다.

라자계정

la zǐ jī dīng

辣子鷄丁

주재료 ·닭고기살 150g ·간장 5㎖ ·청주 5㎖ ·달걀 ½개 ·녹말가루 10g

부재료 ·표고버섯 2개 ·죽순 60g ·홍피망 ½개 ·청피망 ½개 ·대파 1토막 ·마늘 5쪽 ·생강 3g

조미료 ·고추기름 30㎖ ·간장 5㎖ ·청주 15㎖ ·육수 70㎖ ·굴소스 15㎖ ·후춧가루 3g ·참기름 5㎖ ·녹말가루 15㎖ ·식용유 400㎖

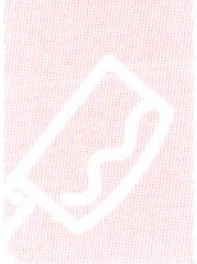

만드는 방법

1. 닭고기살은 사방 2㎝ 정도의 네모꼴로 썰어서 간장, 청주로 밑간하여 달걀과 된녹말을 넣어 버무린다. [그림 1]

2. 채소는 작은 사각형으로 썬다. 마늘은 편으로, 생강은 곱게 다진다. [그림 2]

3. 팬에 닭고기살이 잠길 정도의 식용유를 넣고 뜨거워지면, 닭고기살을 넣어 중불에서 튀긴다. [그림 3~4]

4. 팬에 고추기름을 넣고 뜨거워지면 대파, 마늘, 생강을 넣어서 볶다가 간장, 청주로 향을 낸 후, 채소를 같이 넣고 볶는다. [그림 5]

5. 채소가 익으면 육수를 붓고 굴소스, 조미료로 간을 한다. 소스가 끓으면 튀긴 닭고기살을 넣고 녹말물을 풀어서 걸쭉하게 한 뒤, 참기름을 두르고 볶는다. [그림 6~7]

* 닭고기살은 사방 2㎝ 정도의 네모꼴로 썰어서 준비한다.
* 닭고기살은 먼저 전처리(튀겨서) 후 사용한다.
* 취향에 따라 두반장을 넣어 볶아주면 더 맛있다.

요곽계정 

yāo guo jī dīng
腰果鷄丁

주재료 ·닭가슴살 150g ·캐슈넛 30g ·달걀 ⅓개 ·녹말가루 15g

부재료 ·당근 50g ·셀러리(피망) ⅓개 ·대파 ½토막 ·마늘 3쪽 ·생강 3g

조미료 ·파기름 50㎖ ·간장 5㎖ ·청주 15㎖ ·육수 100㎖ ·굴소스 10㎖ ·후춧가루 2g
·참기름 5㎖ ·녹말가루 30㎖ ·식용유 400㎖

만드는 방법

1. 닭가슴살은 사방 2㎝ 정도의 네모꼴로 썰고, 당근, 셀러리는 1.5㎝ 정도의 네모꼴 크기로 썬 후, 끓는 물에 살짝 데친다. 대파도 1㎝ 정도, 마늘은 편으로 썰고 생강은 다진다. [그림 1]

2. 썰어놓은 닭가슴살에 간장, 청주로 밑간하여 달걀과 된녹말을 넣어 버무린 후, 140℃ 식용유에 튀긴다. 캐슈넛도 노릇하게 미리 튀긴다. [그림 2~3]

3. 팬에 식용유를 두르고 뜨거워지면 대파, 마늘, 생강을 넣고 볶다가 간장, 청주로 향을 내고 채소를 넣어 볶는다. 채소가 익으면 육수를 붓고, 굴소스, 소금, 후춧가루로 간을 한다. [그림 4~5]

4. 육수가 끓으면 튀긴 닭고기살과 캐슈넛을 넣고 녹말물로 걸쭉하게 볶은 뒤, 참기름을 두르고 버무린다. [그림 6~7]

* 닭고기살은 사방 2㎝ 정도의 네모꼴로 썰어서 전처리하여 사용한다.

* 캐슈넛은 미리 튀겨서 사용한다.

유림기

yóu lín jī

油淋鷄

주재료 ·닭다리살 2개

부재료 ·달걀 1개 ·홍고추 1개 ·청고추 1개 ·대파 2토막 ·마늘 3개 ·생강 3g ·녹말가루 100g ·식용유 600㎖

소　스 ·파기름 15㎖ ·설탕 30g ·청주 30㎖ ·간장 15㎖ ·굴소스 10g ·육수 50㎖ ·식초 30㎖
·후춧가루 3g ·참기름 5㎖

만드는 방법

1. 부재료의 채소는 채로 썰고, 닭다리살은 오므라들지 않도록 넓게 펴서 칼집을 넣어 연하게 한다. [그림 1~2]

2. 넓게 핀 닭다리살에 간장, 청주, 후춧가루로 밑간하여 달걀 $\frac{1}{2}$개 분량을 조금 바르고 녹말가루를 골고루 묻힌다. [그림 3~4]

3. 닭다리살을 170℃ 정도의 식용유에 넣고 바싹하게 튀긴다. [그림 5]

4. 튀긴 닭다리살을 1.5㎝ 폭으로 썰어서 접시에 담는다. [그림 6]

5. 팬에 식용유를 두르고 채소를 넣고 볶다가 간장, 청주를 넣어 향을 내고 바로 육수를 붓는다. 굴소스, 설탕, 소금, 식초로 간을 하여 튀긴 닭다리살에 뿌린다. [그림 7~8]

* 밑간한 닭고기에 녹말가루 대신 빵가루를 묻혀서 사용해도 된다.

* 모든 부재료는 곱게 채로 썰거나 송송 썰어서 사용한다.

* 유림기 소스는 미리 소스 그릇에 혼합하여 만들어 사용하면 편리하다.

장폭계정 醬爆鷄丁

jiàng bào jī dīng

주재료 ·닭고기살 150g ·간장 5㎖ ·청주 5㎖ ·달걀 ½개 ·녹말가루 10g ·춘장 30g

부재료 ·표고버섯 2개 ·죽순 60g ·홍고추 1개 ·피망 ½개 ·대파 1토막 ·마늘 3쪽 ·생강 3g

조미료 ·고추기름 30㎖ ·간장 10㎖ ·청주 15㎖ ·육수 70㎖ ·굴소스 15㎖ ·후춧가루 2g ·설탕 10g
·참기름 5㎖ ·녹말가루 30g ·식용유 400㎖

1. 닭고기살은 사방 2㎝ 사각형으로 썰고, 채소도 작은 사각형으로 썬다. 마늘은 편으로 썰고 생강은 곱게 다진다. [그림 1~2]

2. 닭고기살에 간장, 청주로 밑간하여 달걀과 녹말가루를 넣고 버무린 후, 팬에 식용유를 넣고 노릇하게 튀긴다.

3. 팬에 파기름을 두르고 뜨거워지면 대파, 마늘, 생강을 넣고 볶다가 간장, 청주와 볶은 춘장을 넣어 볶는다. 향이 나면 채소를 같이 넣어 볶는다. [그림 3~4]

4. 채소가 익으면 육수를 붓고 굴소스, 조미료로 간을 한다. 소스가 끓으면 튀긴 닭고기살을 넣고 녹말물로 농도를 맞춰 참기름을 두른다. [그림 5~7]

* 닭고기살은 사방 2㎝ 정도의 네모꼴로 썬다.
* 춘장은 미리 전처리(볶아서) 후 사용한다.

동강두부

dōng jiāng dòu fǔ

東江豆腐

주재료 ·두부 300g ·새우살 150g

부재료 ·청경채 50g ·대파 ½토막 ·다진 생강 3g ·달걀 1개 ·녹말가루 100g

조미료 ·파기름 60㎖ ·간장 10㎖ ·청주 15㎖ ·육수 100㎖ ·굴소스 15㎖ ·로두유 5㎖ ·후춧가루 2g
·녹말가루 30g ·참기름 5㎖ ·식용유 400㎖

1. 두부는 반으로 썰어서 다시 6등분의 긴네모꼴로 썰고, 가운데를 네모모양으로 파서 준비한다. [그림 1~2]

2. 새우살은 잘 다지고 다진 생강과 대파를 넣고, 달걀과 녹말가루를 넣어서 잘 치댄다. 부드럽게 만든 뒤, 두부 속에 소복이 담는다. [그림 3~4]

3. 팬에 시용유를 뜨겁게 달궈서 두부를 넣고 노릇하게 튀겨서 접시에 담는다. [그림 5]

4. 팬에 파기름을 두르고 대파, 생강으로 향을 내고 여기에 간장, 청주를 넣고 바로 육수를 부어 굴소스로 간을 한다. 녹말물로 걸쭉하게 만든 뒤, 참기름을 두르고 튀긴 새우두부에 걸쭉하게 끼얹는다. 청경채는 살짝 볶아서 두부 주위에 돌려 담는다. [그림 6~7]

* 새우는 곱게 다져서 밑간하여 달걀 흰자와 녹말가루로 부드럽게 쳐서 사용한다.

* 새우두부를 튀겨서 간장소스에 중탕으로 6~7분정도 찌거나 조리면 맛이 더욱 부드러워진다.

피파발채두부

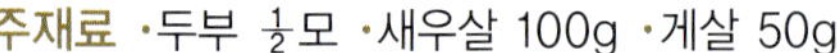

pí pa fā cài dòu fŭ
枇杷發菜豆腐

주재료 ·두부 ½모 ·새우살 100g ·게살 50g

주재료 (반죽) ·청주 10㎖ ·소금 5g ·달걀 흰자 1개 ·녹말가루 30g

부재료 ·청경채 50g ·대파 ½토막 ·다진 생강 5g ·고수 10g ·발채 5g

조미료 ·파기름 30㎖ ·간장 5㎖ ·청주 15㎖ ·육수 200㎖ ·굴소스 10㎖ ·후춧가루 3g ·참기름 5㎖ ·녹말가루 30g ·식용유 300㎖

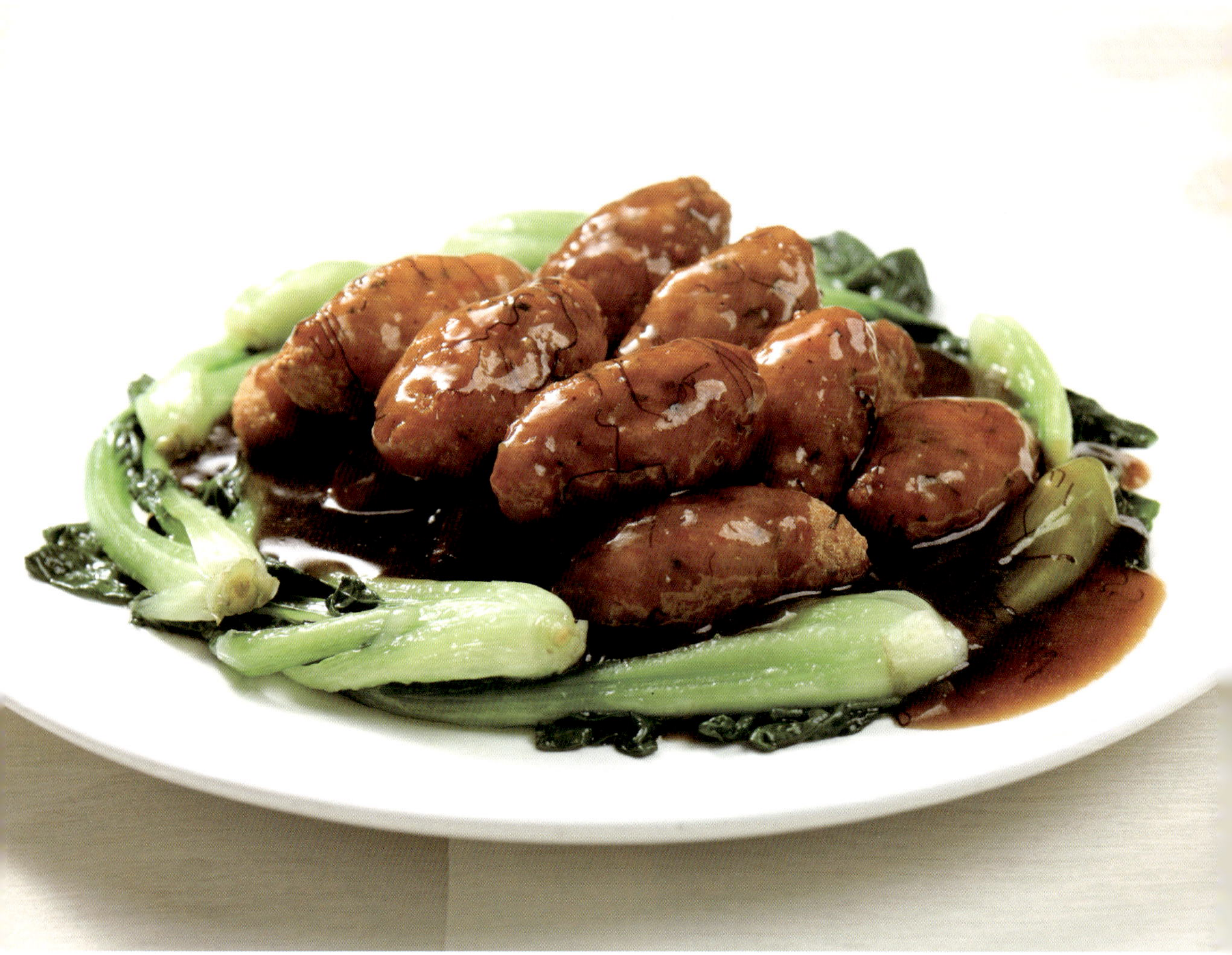

<table>
<tr><td style="text-align:center">만드는
방법</td><td>

1. 주재료는 손질하여 준비하고 발채는 물에 담근다.

2. 새우살과 두부는 물기를 짜서 곱게 으깨고, 게살과 고수를 다진 후 섞는다.
   [그림 1~2]

3. 두부 반죽에 청주, 소금으로 간을 한 뒤, 달걀 흰자와 녹말가루를 넣고 반죽한다. 중식용 수저에 식용유를 묻히고, 두부 반죽을 소복이 하나씩 담는다. 150℃ 식용유에서 천천히 노릇하게 튀겨 접시에 담고, 청경채는 살짝 볶아서 주위에 장식한다. [그림 3~5]

4. 팬에 파기름을 넣고 뜨거워지면 대파, 다진 생강을 넣어 간장, 청주로 향을 내고 육수를 붓는다. 굴소스, 후춧가루, 참기름과 불려놓은 발채를 넣고 녹말물을 풀어 걸쭉한 소스가 되면 두부에 골고루 뿌린다. [그림 6~7]

</td></tr>
</table>

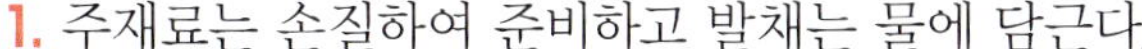

* 발채는 물에 담가 풀어지면 그릇에 담아 육수와 청주, 소금으로 간하여 파와 생강을 넣고 20분간 쪄서 사용한다.

* 두부와 새우는 곱게 으깨서 양념 반죽하여 중식수저에 담아 쪄내는 방법도 있다.

* 발채(發菜, fā cài)는 머리카락과 같이 가늘고 검정색을 띠고 있는 중국 동북지방 심신에서 나는 산초이다. 흰머리를 검게 해준다는 전설이 있어서 원래 명칭은 머리카락 야채로 발채(髮菜)라 불렸다. 중국에서는 발음이 발채(發菜)와 비슷해 사람들이 듣기 좋게 하기 위해 발채라 한다.

삼선두반두부

sān xiān dòu bàn dòu fŭ
三鮮豆瓣豆腐

주재료 ·두부 150g ·쇠고기 50g ·해삼 30g ·패주 1개 ·중새우 2마리 ·달걀 ½개 ·녹말가루 10g

부재료 ·표고버섯 2개 ·죽순 60g ·피망, 홍고추 ½개씩 ·양송이버섯 1개 ·대파 ½토막 ·마늘 3쪽 ·생강 3g

조미료 ·고추기름 30㎖ ·간장 15㎖ ·청주 15㎖ ·두반장 15g ·육수 200㎖ ·굴소스 10㎖ ·후춧가루 3g
·녹말가루 30g ·참기름 5㎖ ·식용유 400㎖

<table>
<tr><td>만드는
방법</td><td>

1. 두부는 사방 5㎝, 두께 1㎝ 정도의 삼각모양으로 썰고, 해삼, 패주, 새우는 얇게 편으로 썬다. 쇠고기도 납작하게 편으로 썬다. [그림 1~2]

2. 표고버섯, 양송이버섯, 죽순, 피망, 대파, 홍고추, 마늘은 편으로 썰고, 생강은 다진다. [그림 3]

3. 삼각모양으로 썬 두부는 뜨거운 식용유에 노릇하게 튀긴다. [그림 4]

4. 편으로 썬 쇠고기는 새우와 같이 간장, 청주로 밑간하여, 달걀과 녹말가루로 버무려서 식용유에 튀긴다. [그림 5]

5. 모든 해물과 채소는 끓은 물에 미리 한번 데친다.

6. 팬에 고추기름을 두르고 뜨거워지면 대파, 마늘, 생강과 홍고추를 넣어 볶다가 간장, 청주로 향을 낸다. 두반장과 모든 재료를 넣고 볶다가 육수를 붓는다. [그림 6]

7. 육수가 끓으면 조미료를 넣고, 튀겨낸 두부와 새우, 쇠고기를 넣는다. 녹말물을 풀어서 걸쭉하게 되면 참기름을 두르고 버무린다. [그림 7]

</td></tr>
</table>

* 두부는 사방 5cm, 두께 1cm 정도로 썬다.

* 쇠고기와 새우는 전처리(튀겨서) 후 사용한다.

백과삼소 百果三素
bó guo sān su

주재료 ·표고버섯 2개 ·죽순 60g ·송이버섯 2개 ·물밤 50g ·은행 50g ·생강 3g ·브로콜리 100g

조미료 ·파기름 30㎖ ·간장 15㎖ ·청주 15㎖ ·육수 100㎖ ·굴소스 15㎖ ·후춧가루 2g ·참기름 5㎖ ·녹말가루 30g ·식용유 300㎖

만드는 방법

1. 모든 채소는 먹기 좋은 크기(길게)로 썰고, 은행은 껍질을 제거하고 사용한다. [그림 1]

2. 브로콜리는 먹기 좋은 크기로 썰어서 끓는 물에 데친다. 팬에 식용유를 두르고 살짝 볶아서 육수를 붓고, 녹말물로 부드럽게 만든 뒤 접시에 돌려 담는다. [그림 2]

3. 모든 채소는 끓는 물에 살짝 데친 뒤, 물기를 제거하고 뜨거운 식용유에 튀긴다. [그림 3]

4. 팬에 파기름을 두르고 뜨거워지면 바로 간장, 청주로 향을 내고 육수를 부어 굴소스와 조미료로 간을 한 뒤, 채소를 넣는다. [그림 4~5]

5. 채소와 소스가 끓으면 녹말물로 농도를 맞추고, 참기름을 넣어 살짝 버무려서 브로콜리 안쪽으로 담는다. [그림 6~7]

* 브로콜리는 끓는 물에 데쳐서 기름에 살짝 볶아서 사용한다.

* 모든 채소는 끓는 물에 데친 뒤, 기름에 튀겨서 소스에 충분히 조려야 진한 맛을 느낄 수 있다.

* 배과(百果)란 은행을 뜻하고, 삼소(三素)는 세 가지의 채소를 말한다.

송이 아스파라거스

sōng róng lu xún

松茸蘆荀

주재료 1 ·아스파라거스 80g ·자연 송이버섯 100g

주재료 2 ·대파 ½토막 ·마늘 5쪽 ·생강 3g

조미료 ·파기름 15㎖ ·청주 15㎖ ·육수 100㎖ ·소금 10g ·후춧가루 2g ·녹말가루 30g ·참기름 5㎖
·식용유 200㎖

만드는 방법

1. 아스파라거스는 두꺼운 껍질을 벗기고 5㎝ 정도의 크기로 썰어서 굵게 편으로 썬다. [그림 1~2]

2. 자연 송이버섯(혹은 냉동)은 깨끗이 씻어서 편으로 썰고, 대파는 굵은 채로 썬다. 마늘은 편으로, 생강은 다진다. [그림 3]

3. 썰어놓은 아스파라거스는 끓는 식용유에 실짝 데치고, 자연 송이버섯도 데쳐서 기름채에 밭친다. [그림 4~5]

4. 팬에 파기름을 두르고 뜨거워지면 대파, 마늘, 생강을 넣고 볶다가 청주로 향을 낸다. 식용유에 데친 아스파라거스와 자연 송이버섯을 넣어서 살짝 볶은 뒤, 육수를 붓는다. 여기에 소금, 후춧가루, 조미료로 간을 한다. [그림 6]

5. 소스가 끓으면 녹말물로 걸쭉하게 푼 뒤, 참기름을 두른다. [그림 7]

삼선누룽지탕 三鮮鍋粑

sān xiān guō ba

주재료 ·불린 해삼 1마리 ·중새우 5마리 ·갑오징어살 150g ·패주 1개 ·소라 1개 ·찹쌀누룽지 5쪽

부재료 ·표고버섯 2개 ·죽순 60g ·양송이버섯 1개 ·청경채 1개 ·마늘 3쪽 ·생강 3g ·대파 ½토막

조미료 ·파기름 30㎖ ·육수 400㎖ ·간장, 청주 15㎖씩 ·굴소스 15㎖ ·후춧가루 2g ·소금 5g
·참기름 5㎖ ·녹말가루 30g ·식용유 300㎖

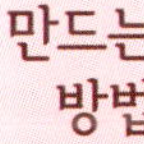

만드는 방법

1. 모든 채소는 편으로 썰고, 갑오징어살, 소라, 패주와 불린 해삼도 얇게 편으로 썬다. 중새우도 칼집을 내어 썰고, 대파, 마늘, 생강도 썰어서 준비한다. [그림 1~2]

2. 대파, 마늘, 생강을 제외한 모든 채소와 해산물을 끓는 물에 데친다. [그림 3]

3. 팬에 파기름을 두르고 뜨거워지면 대파, 마늘, 생상을 넣어 향을 낸 후, 간장, 청주와 같이 모든 채소와 해산물을 넣어 볶는다. 채소가 익으면 육수를 붓고 굴소스와 조미료로 간을 한다. [그림 4]

4. 소스가 끓으면 녹말물을 조금씩 풀어서 넣고, 소스를 걸쭉하게 만든다. [그림 5]

5. 식용유의 온도가 170℃ 정도로 뜨거워질 때, 찹쌀누룽지를 넣어 바삭하게 튀겨 그릇에 담고, 뜨거운 삼선소스를 위에 골고루 붓는다. [그림 6~7]

* 중국 사천(四川)지방의 누룽지탕은 돼지고기로 매콤하게 만드는 조리법이고, 광동(廣東)지방에는 토마토케첩소스를 사용하는 달콤한 누룽지탕이 있다.

* 누룽지를 튀길 때의 기름 온도는 160~170℃ 정도에서 튀겨야 잘 부풀러 오른다.

가지 튀김

jiān niàng qié zǐ
煎釀茄子

주재료 ·다진 돼지고기 200g ·가지 2개

부재료 ·대파 ½토막 ·홍고추 ½개 ·생강 3g ·마늘 3쪽

고기양념 ·녹말가루 60g ·달걀 ½개 ·청주 15㎖ ·소금 5g ·후춧가루 2g ·설탕 5g ·참기름 5㎖

조미료 ·파기름 30㎖ ·간장 15㎖ ·청주 15㎖ ·굴소스 10㎖ ·후춧가루 2g ·녹말가루 30g
·참기름 5㎖ ·식용유 400㎖

만드는 방법

1. 가지는 어슷하게 썰어서 한쪽이 벌어지도록 깊게 칼집을 넣는다. 대파, 홍고추, 마늘, 생강은 곱게 다진다. [그림 1]

2. 다진 돼지고기에 달걀과 고기 양념을 넣고 풀어준 뒤, 곱게 다진 대파, 홍고추, 생강, 마늘을 섞고 버무린다. [그림 2]

3. 썰어놓은 가지 속에 녹말가루를 묻히고, 돼지고기 양념 소를 채운다. [그림 3~4]

4. 팬에 식용유를 두르고 160℃에서 두 번 정도 바삭하게 튀긴다. [그림 5~6]

5. 가지 튀김은 취향에 따라 간장소스를 만들어 먹어도 되고, 홍소소스 또는 어향소스를 만들어 뿌려도 된다. [그림 7]

* 가지 소 재료는 새우살를 다져서 넣고, 팬에 천천히 지져주는 방법으로 만들기도 한다.

* 소를 채운 가지를 튀겨서 홍소소스나, 어향소스를 만들어 조리하면 홍소가지 또는 어향가지를 만들 수 있다.

부추달걀볶음 dàn chǎo jiu cài 蛋炒韮菜

주재료 1 ·부추 150g ·생강 5g

주재료 2 ·달걀 5개 ·소금 5g

조미료 ·파기름 70㎖ ·육수 30㎖ ·후춧가루 2g ·청주 15㎖ ·소금 3g ·참기름 5㎖

<table>
<tr><td>만드는
방법</td><td>

1. 부추는 깨끗이 씻어서 6㎝ 정도의 길이로 자르고, 생강은 채로 썬다.

2. 그릇에 달걀을 잘 풀어서 소금으로 간을 한다. [그림 1]

3. 팬에 파기름을 넣고 풀어놓은 달걀을 부어서 눋지 않게 볶으면서, 육수를 넣어 부드럽게 볶은 후 기름채에 담는다. [그림 2~4]

4. 다시 팬에 파기름을 두르고 생강채와 부추를 넣어서 청주와 조미료로 간을 하면서 빨리 볶는다. 미리 볶아놓은 달걀을 넣어 섞으면서 참기름을 두르고 볶는다. [그림 5~7]

</td></tr>
</table>

* 부추를 볶기 전에 달걀을 먼저 부드럽게 스크램블처럼 만들어 놓는다.

게살두부

xiè ròu dòu fū

蟹肉豆腐

주재료 ·게살 100g ·달걀 흰자 1개 ·연두부 1개 ·생강 3g ·대파 ⅓토막

조미료 ·파기름 30㎖ ·청주 15㎖ ·육수 200㎖ ·소금 5g ·후춧가루 2g ·녹말가루 30g ·참기름 5㎖

<table>
<tr><td>만드는
방법</td><td>

1. 게살은 가늘게 찢는다. 달걀 흰자는 거품이 생기지 않게 쳐주고, 대파와 생강은 채로 썬다.

2. 연두부는 접시에 담아 찜통에 5분 정도 쪄서 다른 접시에 담고, 칼로 2㎝ 정도 크기로 자른다. [그림 1~3]

3. 팬에 파기름을 두르고 뜨거워지면 대파, 생강과 청주를 넣어 향을 낸 뒤, 바로 육수를 붓고 게살을 넣는다. [그림 4]

4. 탕이 끓으면 녹말물을 풀어 걸쭉하게 농도를 맞춘다. 달걀 흰자를 넣어서 저어준 뒤, 참기름을 두르고 연두부에 덮는다. [그림 5~7]

</td></tr>
</table>

* 일반두부를 사용 할 때는 연두부보다 1~2분 정도 더 쪄서 수분을 완전히 제거 후 사용한다.

잡탕밥

bá   bǎo   huì   fàn
八宝燴飯

주재료 ·불린 해삼 30g ·중새우 2마리 ·갑오징어몸살 50g ·소라 50g ·패주 50g

부재료 ·표고버섯 1개 ·죽순 30g ·양송이버섯 1개 ·홍피망, 청피망 10g씩 ·대파, 생강, 마늘 약간씩

조미료 ·파기름 30㎖ ·간장 15㎖ ·청주 15㎖ ·육수 100㎖ ·굴소스 10㎖ ·후춧가루 2g
　　　　 ·녹말가루 30g ·참기름 5㎖

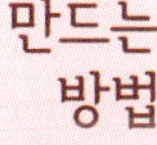

만드는
방법

1. 갑오징어몸살은 손질하여 안쪽으로 먼저 잔 칼집을 내고, 다시 반대쪽으로 깊게 칼집을 내서 4㎝ 크기로 썬다. 소라, 패주도 손질하여 편으로 썰고, 중새우도 등쪽에 칼집을 낸다. 채소도 작은 크기로 대파, 생강, 마늘을 썬다. [그림 1~2]

2. 대파, 마늘, 생강을 제외한 모든 재료를 끓는 물에 살짝 데친다. [그림 3]

3. 팬에 파기름을 두르고 뜨거워지면 대파, 마늘, 생강을 넣어 볶다가 간장, 청주로 향을 낸다. 끓는 물에 데친 모든 재료를 같이 넣고 볶다가 육수를 붓고 조미료로 간을 한다. [그림 4~5]

4. 육수가 끓으면 녹말물을 넣어서 걸쭉하게 만든 뒤, 참기름을 두르고 볶는다. [그림 6~7]

* 잡탕밥에 담는 밥은 보통 달걀과 파만을 넣어서 밑간을 하지 않고 볶는다. 담백하게 먹고 싶을 때는 맨밥을 사용해도 좋다.

파라볶음밥

bo luó chǎo fàn
波蘿炒飯

주재료 ·파인애플 ½개 ·밥 1공기 ·달걀 1개
부재료 ·베이컨 50g ·청, 홍피망 ¼개씩 ·대파 ¼토막 ·완두콩 5g
조미료 ·식용유 60㎖ ·맛소금 10g ·치킨베이스 2g

만드는 방법

1. 베이컨은 작게 썰어서 기름에 한번 튀긴다. 채소와 파인애플은 작게 썬다.

2. 팬에 식용유를 넣고 뜨겁게 달군 뒤, 달걀을 풀어서 넣고 국자로 달걀을 볶는다. [그림 1]

3. 달걀이 골고루 익으면 맛소금으로 간을 하고, 썰어놓은 채소와 베이컨을 넣고 볶는다. [그림 2~3]

4. 여기에 밥을 넣고 국자 뒷면으로 골고루 눌러주며 볶는다. [그림 4~5]

5. 썰어놓은 파인애플을 넣어 버무리듯 볶으면서 미리 준비한 파인애플 속에 담는다. [그림 6~7]

짜장면

zhá jiàng miàn
炸醬麵

주재료 ·돼지고기 100g ·새우살 100g ·오징어 100g ·생짜장 200g ·식용유 200㎖

부재료 ·생국수 5인분 ·양파 2개 ·호박 ½개 ·오이 ½개 ·생강 5g

조미료 ·파기름 100㎖ ·간장 15㎖ ·청주 15㎖ ·육수 200㎖ ·소금 20g ·설탕 30g ·참기름 10㎖
·녹말가루 60g

* 먼저 팬에 식용유를 춘장이 잠길 정도로 넉넉히 붓고, 뜨거워지면 춘장을 넣어 타지 않게 저어주면서 알맞게 볶아놓는다.

1. 양파와 호박은 작은 사각 모양으로 썰고, 생강은 다진다. 돼지고기와 오징어, 새우살도 작은 크기로 썬다(오징어나 새우는 미리 끓은 물에 데쳐서 사용한다). [그림 1]

2. 팬에 파기름을 넣고 뜨거워지면 먼저 생상, 양파(약간)와 돼지고기를 넣고 볶다가 간장, 청주를 넣어 향을 낸다. 돼지고기가 익으면 다시 나머지 양파를 넣고 잘 익도록 골고루 볶는다. [그림 2~3]

3. 양파가 충분히 익으면 볶은 춘장을 적당히 넣고, 짜장 색을 알맞게 하여 골고루 볶는다. 그리고 조미료와 새우살, 오징어를 넣고 육수를 붓는다. [그림 4~6]

4. 짜장소스가 끓으면 녹말물을 넣어 걸쭉하게 만든 뒤, 참기름을 두른다. 잘 삶은 국수는 끓는 물에 뜨겁게 데쳐서 그릇에 담고, 짜장소스를 붓고 오이채를 올린다. [그림 7~8]

* 춘장을 미리 기름에 잘 볶아서 서늘한 곳에 보관한 뒤, 필요할 때마다 사용하면 편리하다.

* 간짜장은 보통 짜장의 걸쭉한 느낌이 없는, 약간 퍽퍽한 상태(육수와 녹말을 넣지 않는 상태)를 말한다.

초마면

chǎo   ma   miàn

炒碼麵

주재료 ·돼지고기 50g ·새우살 50g ·오징어 50g ·해삼 50g ·소라 50g ·국수 2인분

부재료 ·양파, 배추 50g씩 ·표고버섯, 죽순 약간씩 ·건고추 2개 ·청경채, 부추 약간씩 ·대파, 생강, 마늘 약간씩

조미료 ·파기름 60㎖ ·간장 15㎖ ·청주 15㎖ ·육수 600㎖ ·소금 15g ·굴소스 15㎖ ·후춧가루 3g ·참기름 5㎖

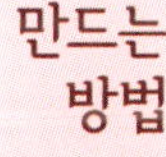

1. 해삼, 오징어, 소라는 손질하여 편으로 썰고, 돼지고기도 가는 채로 썬다. 양파와 모든 채소는 채로 썬다. 대파, 마늘, 생강도 약간씩 준비한다. [그림 1]

2. 팬에 파기름을 두르고 뜨거워지면 건고추와 대파, 마늘, 생강, 돼지고기를 먼저 넣고 볶다가 간장, 청주로 향을 내고 바로 채소를 넣어 볶는다. [그림 2~3]

3. 채소가 충분히 익으면 육수를 붓고, 끓으면 해산물을 넣어 조미료로 간을 한다. 다시 끓어오르면 위에 떠있는 잡물을 걷어 낸 뒤, 부추를 넣고 참기름을 두르고 국수에 붓는다. [그림 4~6]

* 일반음식점에서 판매하는 짬뽕은 예전에는 초마면(炒碼麵)이라고 하여, 지금의 하얀 짬뽕을 말한다.

* 계절에 따라 생굴을 넣어 굴짬뽕 만들어 먹어도 일품이다.

찹쌀떡빠스

bǎ sī yuán xiāo

拔 絲 元 宵

주재료1 ·찹쌀떡 10개 ·볶은 참깨 10g

주재료2 ·밀가루 100g ·설탕 100g ·식용유 600㎖

1. 냉동된 찹쌀떡은 해동 시킨 뒤, 밀가루에 골고루 묻혀서 달라붙지 않게 굴린다. [그림 1~2]

2. 110℃ 식용유에서 찹쌀떡을 기름채에 담아 중불에서 천천히 튀긴다. [그림 3]

3. 찹쌀떡이 조금씩 부풀어오르면, 조리로 건지면서 국자로 조금씩 두들겨가며 노릇하게 뒤긴나. [그림 4]

4. 팬에 식용유를 두르고 온도가 오르면 설탕을 넣고 서서히 녹인다. 황금색이 나는 시럽이 되면 튀긴 찹쌀떡을 넣어 재빨리 버무린다(참깨는 버무릴 때 뿌린다). [그림 5]

* 찹쌀떡에 설탕시럽을 버무릴 때 찬물(1작은술)을 약간 끼얹으면 시럽이 찹쌀떡에 잘 묻는다.

✓ **원소(元宵)?**

   원소는 찹쌀떡의 일종으로 중국 고대 한족(漢族)부터 지금까지 매년 정월보름에 가정에서 먹는 띰섬(点心) 모양의 떡이나. 추석인 숭주설(仲秋節)에는 월병(月餅)을 만들어 집집마다 서로 나눠주는 풍습을 지금도 지내고 있다.

은행빠스 拔絲百果
bǎ sī bó guo

주재료 ·깐은행 150g ·달걀 ½개 ·밀가루 100g
부재료 ·설탕 100g ·식용유 400㎖

만드는 방법

1. 깐은행을 달걀에 버무려 하나씩 밀가루에 굴려가며 묻힌 다음, 끓은 물에 살짝 데쳐서 바로 꺼내 다시 밀가루를 묻힌다. 이 과정을 2~3회 정도 반복한다. [그림 1~4]

2. 160℃ 식용유에 밀가루를 잘 묻힌 은행을 천천히 노릇하게 튀겨서 기름채에 밭친다. [그림 5~6]

3. 팬에 식용유 1큰술 정도를 두르고 온도가 오르면 설탕을 넣어 서서히 녹인다. 갈색이 나는 시럽이 되면 튀긴 은행을 넣어 재빨리 버무린다. [그림 7~8]

* 은행에 밀가루가 골고루 묻도록 2~3회 반복하여 밀가루 옷을 입혀야 한다.

* 바로 만든 은행빠스를 접시에 담을 때, 미리 약간의 기름을 발라두면 접시에 붙지 않는다.

* 은행에 설탕시럽을 버무릴 때, 찬물 1작은술 정도를 끼얹어 주면 시럽이 은행에 잘 묻는다.

훈탕 

hùn tāng

混湯

주재료 ·돼지 등심(다진것) 30g

부재료 ·목이버섯 1개 ·죽순 20g ·달걀 1개 ·조선부추 10g ·대파 1토막 ·생강 5g

만두피재료 ·밀가루 100g ·소금 10g ·물 50㎖

조미료 ·육수 400㎖ ·굴소스 3㎖ ·진간장 5㎖ ·청주 5㎖ ·소금 10g ·후춧가루 3g ·참기름 5㎖

<table>
<tr><td>만드는
방법</td><td>

1. 돼지 등심 다진 것은 생강, 간장, 청주, 소금, 후춧가루, 대파 다진 것과 같이 잘 치대어 고기를 부드럽게 풀어준 뒤, 여기에 송송 썬 부추를 넣어 섞는다. [그림 1]

2. 모든 채소는 곱게 채 썰고, 달걀은 풀어서 준비한다.

3. 밀기루는 찬물에 소금을 넣고 반죽을 하여 젖은 면포로 덮어둔 뒤, 다시 잘 치댄다. 가래떡처럼 길게 늘린 후, 둥글고 얇게 직경 10㎝ 정도의 만두피를 만들어 다시 네모꼴로 썰어서 훈탕피를 만든다. [그림 2]

4. 훈탕피 안에 만두소를 1작은술 정도 떠놓고 대각선으로 맞닿은 부분까지 접어서 다시 뒤로 양쪽 끝부분을 붙인다. 훈탕 모양을 만든 뒤, 끓는 물에 훈탕을 삶아서 그릇에 담는다. [그림 3~6]

5. 냄비에 육수를 붓고 채소와 조미료로 간을 하고, 풀어 놓은 달걀과 참기름을 두르고 미리 담은 훈탕에 붓는다. [그림 7]

</td></tr>
</table>

* 훈탕의 속 재료는 일반적으로 돼지고기를 사용하는데, 취향에 따라 새우를 다져서 넣어 만들어도 된다.

새우쇼마이 燒賣
shāo mài

주재료 ·새우살 150g ·게살 50g ·당근 50g ·파(부추) 30g ·생강 3g ·달걀 흰자 1개 ·완두콩 10g

만두피 ·밀가루(중력) 200g ·소금 2g ·물 100㎖

조미료 ·소금 5g ·청주 15㎖ ·치킨파우더 5g ·후춧가루 2g ·참기름 5㎖

만드는 방법

1. 새우와 채소는 곱게 다져서 달걀 흰자와 조미료를 넣고 잘 치댄다. [그림 1~2]

2. 만두피는 얇게 빚는다.(짼교자 만드는 방법 참고 168p) [그림 3]

3. 만두피에 소를 넉넉히 넣고, 손에 만두피를 조이듯 오므리면서 젓가락이나 칼 등으로 주름을 잡는다. [그림 4~6]

4. 모양이 갖춰지면, 윗부분은 꽃잎처럼 약간 벌어지게 만들고 완두콩을 꽂아 찜통에 8분 정도 찐다. [그림 7~8]

* 쇼마이는 딤섬 종류에 속한다. 속 재료가 보이게 하는 것이 특징이며, 속 재료는 보통 돼지고기를 사용한다. 취향에 따라 새우 및 해산물을 이용하여 만들기도 한다.

5
식품조각
기초 및
작품 사진

식품 조각의 이론

식품조각(食品雕刻)이란 각종 채소를 사용하여 특정 요리의 내용과 연회석에 화려함을 주고, 모든 식도락가에게 작품의 만족감을 제공하는 특수 조리기술이다.

식품조각은 모든 채소를 재료로 사용하며, 작은 곤충류부터 물고기, 독수리, 공작, 학, 봉황, 새 등과 용, 말, 더 나아가 8명의 신선(八仙), 그리고 수박, 호박을 이용한 조각 기술이 있다.

식품조각은 재료 선택이 제일 중요하므로 제철 채소를 선택해서 원하는 작품을 세밀하게 만들어, 화려하고 고급스러운 분위기를 조성하며 진귀한 요리의 표현을 더해준다.

(1) 식품조각의 역사 및 발전

중국에서는 식품조각을 식조(食雕, shí diāo), 조각(雕刻, diāo ke) 그리고 조각공예(雕刻工藝)라 한다. 특수한 도구를 사용해 각기 다른 기술로 식용할 수 있는 식품을 조각하여 입체 감각을 살릴 수 있는 작품(예: 꽃, 곤충, 새, 동물, 인물) 등의 각종 형태를 말한다. 이 작품이 중요한 까닭은 요리의 미각과 내용을 표현함으로써 연회석에서 미각을 돋우고, 예술효과를 한층 더 빛내 주기 때문이다.

중국식품조각의 기원은 진나라에서 청나라로 발전하여 '吃一, 看二, 觀三(한번 먹어보고, 두 번보고, 세 번 관찰한다)' 이란 말로 표현하였다. 또한 일반인의 제사상에 올리는 음식과 식품조각의 내용이 큰 영향을 받았다고 전해진다.

신 중국 성립 후, 궁중요리의 대통을 잇는 요리사들의 노력으로 완성 요리에 간단한 모양내기부터, 연회의 큰 조각 작품까지 크게 발전해왔다. 지금은 중국 각지에서 식품조각 전문학교까지 생겨서 많은 조각생도들이 더 좋은 작품을 만들기 위해 노력하고 있다.

(2) 식품조각의 목적 및 이해

식품조각은 중국조리기술에 중요한 부분을 차지하고 있다. 음식의 질을 높이고, 분위기를 조성하고, 화려함을 표현하여 현대인이 물질적인 행복을 누릴 만큼 예술적인 감각을 즐길 수 있게 한다.

완성 요리의 특색을 최대한으로 부각시키기 위해서는 색과 형태 또는 질을 중요시해야 한다. 그러기 위해서는 고급스러운 기술로 접시의 모양을 바꾸거나, 요리의 내용을 표현할 수 있어야 한다. 식품조각은 시각적으로 흥미로운 연출을 위해 중국의 큰 연회에서는 꼭 필요하다.

(3) 식품조각의 원료

식품조각은 영양학의 시각으로 재료를 보지 않는다. 모든 채소, 과실에 따라 큰 작품이나 작은 작품을 구상하여 조각하되, 재료의 신선도와 변질 결과를 중시하여 선택한다.

일반적으로 당근, 무, 오이, 배추, 비트, 호박, 수박 등 그 외 계절에 따라 뿌리와 과실(果實)종류의 색상이 다른 재료를 선택하여 모양을 더욱 선명하게 한다. 입체감을 줄 수 있게 작은 작품에서 큰 작품까지 폭넓게 선택할 수 있다.

(4) 식품조각의 상용(常用) 공구

식품조각에 사용하는 모든 칼 종류를 조각칼이라고 하며, 조각칼은 일반적으로 주방에서 조각을 전담하는 담당사가 임의로 구입하거나 자신이 제작하여 사용한다. 따라서 그 종류도 다양하고 많지만 자신의 손에 익숙하고 편하게 느껴지면 좋은 조각 작품을 만들 수 있다.

* 첨두도(尖頭刀, jiān tóu dāo): 칼끝이 뾰족하게 생기고, 가장 많이 사용하는 중식 조각칼 중의 하나이다.

* 원구도(圓口刀, yuán kǒu dāo): 양쪽 끝이 U형 및 V형이 있고, 1호(작은 것)부터 6호(큰 것)까지 다양한 종류가 있다. 새의 깃털이나 곡선(曲線)작업 등에 많이 사용한다.

* 채도(菜刀, cài dāo): 긴 칼로, 채소를 다듬어 처리하는 과정에 사용한다.

* 모구도(模具刀, mó jú dāo): 간단한 모양 틀을 채소에 눌러서 쉽게 바로 사용한다.

* 기타도구(其他刀具): 둥글게 파는 원형칼, 껍질을 깎는 감자칼, 칼끝이 평면 모양인 평구도(平口刀)
  등이 있다.

1. 6~7cm 정도 크기의 당근을 약간 기울여서 5면을 깎는다.

2. 양쪽면 사이를 다듬는다.

3. 밑 부분이 떼어지지 않게 한 잎씩 얇게 꽃잎을 깎는다.

4. 5개의 꽃잎을 깎는다.

5. 꽃잎사이 안쪽에 한 겹을 얇게 자른다.

6. 두 번째 꽃잎을 깎는다.

7. 중간부분을 자른다.

8. 세 번째 꽃잎을 깎는다.

9. 안쪽에 작은 꽃잎은 봉우리 모양으로 깎는다.

10. 봉우리 안쪽에 칼집을 넣어 다듬어 준다.

11. 완성

꽃 조각 모음

당근	비트	무
오이	무	대파
비트	비트	무
무	당근	가지

호박	비트	무
양파	작은 무	당근
작은 무	홍고추	단호박
무	비드	비트

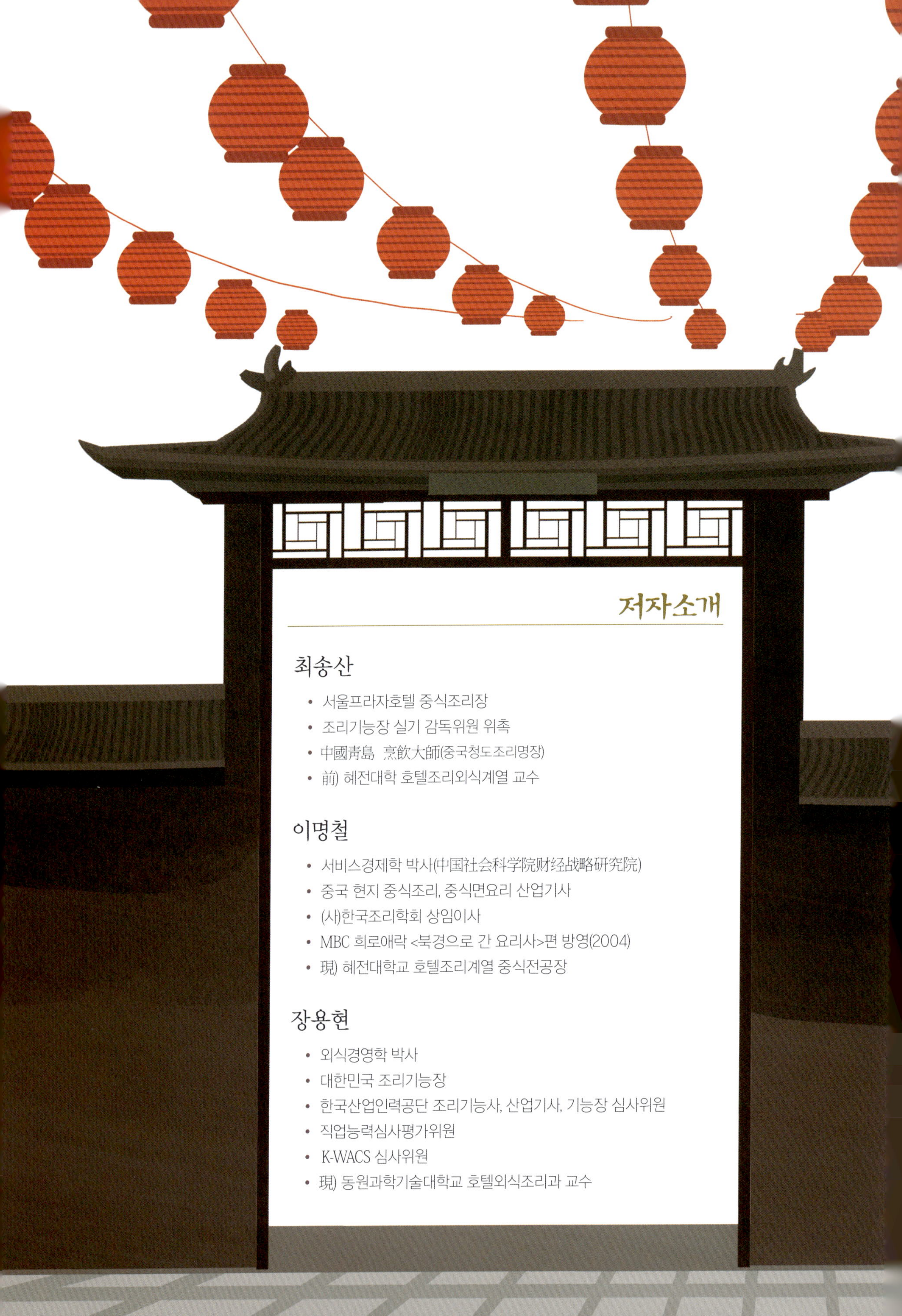

저자소개

최송산

- 서울프라자호텔 중식조리장
- 조리기능장 실기 감독위원 위촉
- 中國靑島　烹飮大師(중국청도조리명장)
- 前) 혜전대학 호텔조리외식계열 교수

이명철

- 서비스경제학 박사(中国社会科学院财经战略研究院)
- 중국 현지 중식조리, 중식면요리 산업기사
- (사)한국조리학회 상임이사
- MBC 희로애락 <북경으로 간 요리사>편 방영(2004)
- 現) 혜전대학교 호텔조리계열 중식전공장

장용현

- 외식경영학 박사
- 대한민국 조리기능장
- 한국산업인력공단 조리기능사, 산업기사, 기능장 심사위원
- 직업능력심사평가위원
- K-WACS 심사위원
- 現) 동원과학기술대학교 호텔외식조리과 교수

제2판

NCS에 맞춘
프로중국요리

발 행 일	2017년 1월 23일 초판 발행
	2022년 2월 16일 2개정판 빌행
저 자	최송산·이명철·장용현
발 행 인	김홍용
펴 낸 곳	도서출판 효일
주 소	서울시 중랑구 신내역로3길 40-36
전 화	02) 928-6643
팩 스	02) 927-7703
홈페이지	www.hyoilbooks.com
E-mail	hyoilbooks@hyoilbooks.com
등 록	2001년 10월 8일 제2021-000091호
정 가	30,000원
I S B N	978-89-8489-499-0